Alexandra Roth

AGILITY

Der fundierte Aufbau für Freizeit und Turnier

Müller Rüschlikon

Einbandgestaltung: R2 I Ravenstein, Verden

Titelfoto: www.BeatHabermacher.com sowie Umschlagrückseite oben

Bildnachweis:
www.BeatHabermacher.com: S. 9, 16, 32, 58, 82, 108, 113, 121, 127, 142, 167, 190
Alle übrigen Fotos und Zeichnungen stammen aus dem Archiv von Alexandra Roth.

ISBN 978-3-275-02187-1

Postfach 103743, 70032 Stuttgart
Ein Unternehmen der Paul Pietsch Verlage GmbH & Co. KG

1. Auflage 2021

Sie finden uns im Internet unter www.mueller-rueschlikon-verlag.de

Innengestaltung: Kerstin Diacont
Druck und Bindung: Graspo CZ, 76302 Zlin
Printed in Czech Republic

Dieser Link führt Sie
zu den in diesem Buch enthaltenen Video-Clips,
die Sie auch bei den Übungen
über QR-Code abrufen können.

http://mein.mueller-rueschlikon.de

Anmerkung: Die Videos zeigen
Trainingssequenzen aus dem Alltag.

So stehen die QR-Codes direkt bei den Übungen

VORWORT

VORWORT

Seit fast 30 Jahren betreibe ich Agility. Früher war dieser Sport ein reines Freizeitvergnügen, das nur wenigen Teams vergönnt war. Heute ist Agility zu einem richtigen Volkssport avanciert.
Wo früher der Nullfehlerlauf das A und O war, entscheiden heute bei Wettkämpfen Hundertstelsekunden über Rangierungen. Selbst über zwei Läufe bei einer Weltmeisterschaft laufen Teams in die gleiche Hundertstelsekunde. Bei der Weltmeisterschaft 2019 lagen zwischen dem ersten und zweiten Platz in der Kategorie *Large* gerade mal zwei Hundertstelsekunden – und das über zwei anspruchsvolle Parcours.
Die einen betreiben diesen Sport professionell, andere eher als Freizeitspaß. Eines haben die Sportler gemeinsam, immer steht für alle der Hund im Mittelpunkt. Schließlich ist er es, der die ganze Arbeit leistet und zum Schluss auch über die Zeit im Parcours bestimmt. Trotzdem steht bei den meisten Hundeführern – so wie es sein sollte – die Freude noch immer im Vordergrund.

Agility hat sich im Laufe der Jahre verändert; die Hunde laufen mit höherer Geschwindigkeit über den Parcours. Heutzutage sind die Distanzen um ein Vielfaches größer und es braucht schon einen recht sportlichen Hundeführer und/oder einen sehr gut ausgebildeten Hund, der Kommandos selbständig abarbeiten kann, um vorne mit dabei zu sein.

Über die Jahre wurden viele Ideen und Gedanken aufgegriffen, um den Lauf zu perfektionieren. Wo man vor einiger Zeit noch hilflos im Parcours einer kniffligen Situation gegenüberstand, haben sich heute Führungsstile und -hilfen entwickelt, durch die solche Situationen ganz einfach gemeistert werden können. Damit der Hund möglichst lange gesund durch den Parcours geführt werden kann, braucht er eine fundierte Ausbildung. Dieses Buch möchte einen kleinen Beitrag zum Aufbautraining für den Junghund bis zum erwachsenen Hund im Wettkampfgeschehen leisten. Neue Ideen wurden entwickelt, ausprobiert und verschwanden zum Teil wieder. Andere Ideen haben sich etabliert und wurden über die Jahre für gut befunden. Dieser Ratgeber ist eine Zusammenführung der neuesten Erkenntnisse und bereits erfolgreich praktizierter, moderner Führungsstile. Manches wurde aus eigener Erfahrung erarbeitet, eine Menge Dinge von diversen geschätzten Trainern aus der ganzen Welt zusammengetragen.

»Agility sollte erst mit einem einjährigen Hund begonnen werden« – mit diesen Worten kommen interessierte Hundesportler bei vielen Vereinen auf die Warteliste. Um den Hund jedoch optimal auf diesen Sport vorbereiten zu können, sollte auch die Junghund-Phase sinnvoll genutzt werden. Vor allem junge Hunde lernen sehr schnell und freudig. Zudem ist der gezielte Aufbau mit einem Junghund eine sinnvolle Beschäftigung für Hund und Hundeführer. Der erste Teil dieses Buches deckt genau diese Zeitspanne ab. Agility-Übungen können – ohne die Gelenke zu belasten – schon »vorgeübt« werden, ohne dass der Hund überhaupt ein Gerät überwinden muss. Statt eines Sprungauslegers kann man im Freien beispiels-

weise Bäume oder Pylonen ins Training integrieren.
Natürlich wird auch der Geräteaufbau abgedeckt. Die verschiedenen Methoden, die in den vergangenen Jahren den Teams den größten Erfolg gebracht haben, werden hier erläutert und ihre Vorteile ausführlich beschrieben.
Als ehemalige Springreiterin liegt es mir sehr am Herzen, der Sprungtechnik Raum zu widmen. Im Theorieteil meiner Kurse und Seminare stelle ich immer wieder fest, dass es vielen Hundeführern gar nicht bewusst ist, wie gelenkschädigend bestimmte Trainingsformen sind. Aus diesem Grund ist es mir ein großes Anliegen, das Bewusstsein dafür zu schärfen und ein wenig zum Nachdenken anzuregen.

Das Absolvieren der Geräte lernt der Hund sehr schnell. Heutzutage ist die wichtigste Herausforderung der Führungsstil des Hundesportlers. Wie zeige ich dem Hund den einfachsten für ihn zu laufenden Weg? Es ist wie beim Skifahren: Die optimal gewählte Linie entscheidet über Sieg und Niederlage. Der Hundeführer ist der Kopf des Teams und ihm obliegt die Verantwortung, den Hund zielsicher durch und über die Geräte zu bringen. Um das Neuerlernte im Training umzusetzen, finden Sie im Anhang einige Übungsparcours. Viel Spaß beim Ausprobieren!

Ich hoffe, mit diesem Buch Agility-Interessierten aktuelle und vor allem vielseitige Unterlagen zusammengestellt zu haben. Es ist erstmals im Jahr 2006 erschienen, viele Jahre später kommt nun diese völlig überarbeitete Fassung auf den Markt.

Für alle, die ihr Wissen erweitern möchten: Ich biete regelmäßig Online-Kurse zu unterschiedlichen Themen an: Agility mit Junghunden, Training mit und ohne Geräte, Aufbau-Training, Wettkampf-Training, Problembewältigung usw. Wer Fragen zu den im Buch vorgestellten Übungen hat oder noch detailliertere Trainingssequenz-Vorschläge und Tipps möchte, kann sich gerne an mich wenden. Das Online-Training wird in Deutsch, Englisch und Französisch abgehalten.

Ich bedanke mich bei Beat Habermacher für seine zur Verfügung gestellten Fotos sowie der Swiss Dog-Arena dafür, dass ich ihren Außenplatz benutzen durfte. Ebenso möchte ich Ulrike Simon für das Physiokapitel danken, Esther Buser und Paula Lenz für die Fotosession in Kaiseraugst und Brigit Herrmann und Andreas Tschudin für das Fotoshooting in Münsingen.

Ihre Alexandra Roth

Was ist Agility?

I. Was ist Agility?

Agility ist ...

... die einzige Sportart, über die die Aktiven fünf Stunden ununterbrochen reden, und dann immer noch genug Diskussionsstoff haben, um weiterplaudern zu können!

»Äschiliti, was?« Das ist in etwa die erste Reaktion, die unsereins vom Gegenüber bekommt, wenn wir erklären wollen, für was wir Wochenende um Wochenende »opfern«. »Weißt Du, das ist eine Hundesportart. Stell Dir ein Pferdespringen vor – statt der Pferde absolvieren Hunde die Hindernisse.« »Aber da bewegt sich ja nur der Hund, oder?«

Die Geschichte »Pausenfüller«

Den ganzen (Erklärungs-)Missstand hat uns ein gewisser Peter Meanwell eingebrockt. Ein Brite wohlgemerkt. 1977 um genau zu sein. Für die Crufts Dog-Show (weltweit gesehen die größte und wichtigste Hundeausstellung) wurde er angefragt, einen besonderen Pausenfüller zu organisieren. Eine Springkonkurrenz mit Hunden als Wettkampfsport, etwas Ähnliches wie im Pferdesport. Und so präsentierten sich zwei Teams mit je vier Hunden ein Jahr später, 1978, erstmalig an der Crufts und zeigten wettkampfmäßig, was sie in den vergangenen Monaten an Hindernissen zusammengebaut und an Ausbildung erhalten hatten. Die begeisterten Publikumsreaktionen ließen keinen Zweifel daran, dass es ein nächstes Mal geben würde. Und so wurden für 1979 bereits im ganzen Land Ausscheidungsläufe absolviert, um die drei Teams zu ermitteln, die zur Crufts durften. Der »Pausenfüller« war nicht mehr aufzuhalten und entwickelte sich zum eigentlichen Vollprogramm. Eine knappe Dekade später begann sich das Agility-Virus auch in der Schweiz und vielen anderen Ländern auszubreiten.

Das »Drum und Dran«

Ja, aber was ist »Aschiliti« jetzt genau? Pferdespringsport mit Hund statt Pferd – inklusive einiger zusätzlicher Hindernisse, mit denen die Pferde ihre liebe Mühe hätten – wie zum Beispiel dem einfachen Sprung, dem Doppelsprung, dem Weitsprung, dem Reifen, der Mauer, dem Sacktunnel, dem Tunnel, dem Slalom, der Wippe, dem Laufsteg und der Wand.

Einfach formuliert haben Hund und Mensch im Agility eine Sammlung von Hindernissen in einer gewissen Zeit nach Vorgabe und in korrekter Reihenfolge zu absolvieren. Im FCI-Reglement steht, dass Agility als Geschicklichkeitssport und nicht als Geschwindigkeitssport gedacht ist. Die Fédération Cynologique Internationale (FCI) ist weltweit der Dachverband im Hundewesen. Das mit dem »korrekt Absolvieren« ist so eine Sache. Fehler werden natürlich bestraft, und zwar mit je fünf Fehlerpunkten. Die korrekte Reihenfolge hat es dann schon etwas mehr in sich. Bei den Reitern geschieht dies mitunter etwas seltener, sprich praktisch nie, dass ein falsches Hindernis absolviert wird. Beim Springen kann der Reiter mit seinem Körpereinsatz direkten Einfluss auf das Pferd nehmen. Aber im Agility, wo jeglicher Berührungs-

kontakt zwischen Hund und Mensch verboten ist, hat der Mensch es etwas schwerer, den Hund mittels Stimme, Handzeichen und Körpersprache an all den anderen noch nicht oder nicht mehr erlaubten Hindernissen vorbei auf das richtige Hindernis hinzusteuern. Das erfordert einen sorgfältig ›aufgebauten‹ Hund sowie eine intakte Verständigungsebene innerhalb des Teams.
Andere, die dieses Problem weniger kennen, weil der Hund nicht wie ein »Wilder« jedes beliebige Gerät anläuft, befassen sich dann normalerweise eher mit dem Problem ›Zeitlimit‹. Das ist ein weiterer wichtiger Faktor zur korrekten Bewältigung eines Parcours.

Was genau ist denn jetzt Agility?

Agility ist eine klassische Teamsportart. Das Team besitzt allerdings sechs Beine. Sechs Beine, die alle in dieselbe Richtung laufen sollten. Denn es geht darum, dass Geräte in der richtigen Reihenfolge (von einem Richter vorgegeben) absolviert werden. Es gibt viele Parallelen zum Pferdespringsport, nur sitzt der Mensch nicht im Sattel, sondern läuft neben dem Hund her (oder eben hinterher). Das Ziel ist das Gleiche: möglichst schnell und ohne Fehler den Parcours zu bewältigen.
Agility ist für alle offen: für Große und Kleine, für Junge und Alte – Hundeführer wie auch Hunde. Um den Hunden jedoch etwas entgegenzukommen, werden sie in verschiedene Kategorien eingeteilt:

Small
Schulterhöhe kleiner als 35 cm
Medium
Schulterhöhe kleiner als 43 cm
Large
Schulterhöhe ab 43 cm

Gute und sehr gute Hunde

Im Gegensatz zu den Kategorien (für die Hunde gedacht) gibt es noch Leistungsklassen. In der Schweiz und Deutschland gibt es vier Klassen: In der Schweiz A, 1, 2, 3, in Deutschland heißen diese A0, A1, A2 und A3. In Österreich sind es lediglich derer drei: A1, A2 und A3. Diese Klassen unterscheiden sich im Schwierigkeitsgrad. So ist beispielsweise die Klasse 3 die höchste Klasse. Dort sind die besten Teams des Landes zu finden.

Rassehunde und Mischlinge

In Kontinentaleuropa und in einigen Ländern außerhalb ist Agility hauptsächlich der FCI zugeordnet. Unter der Leitung der FCI gibt es jährlich eine Weltmeisterschaft, die jedoch, da dies dem Credo der FCI entspricht, nur durch Rassehunde besetzt ist. Des Weiteren gibt es die *European Open (EO)*, an der alle Hunde (ob Mischling oder Rassehund) teilnehmen dürfen. In den meisten Ländern ist es kein Problem, auf nationalem Terrain mit Mischlingen zu starten.

Geräte, Hindernisse, Reglements – Die Abmessungen in Kurzform

Small (S), Medium (M), Large (L)
Sprung: S 25–30 cm, M 35–40 cm, L 55–60 cm
Doppelsprung: Tiefe: S maximal 30 cm, M maximal 40 cm, L maximal 50 cm, die beiden Stangen müssen mindestens 15–25 cm Höhenunterschied aufweisen
Mauer: S 25–30 cm, M 35–40 cm, L 55–60 cm
Weitsprung: Tiefe S 40–50 cm, M 70–90 cm, L 120–150 cm
Reifen: Höhe Mittelpunkt
S 55 cm, M 55 cm, L 80 cm
Slalom: 12 Stangen
Tunnel: 3–6 m

Sacktunnel
Laufsteg
Wand
Wippe
Agility-Reglements:
Schweiz: www.tkamo.ch
Deutschland: www.vdh.de
Österreich: agility.oekv.at

Wettbewerbe an Agility-Meetings

Es gibt zwei Typen von Wettbewerben: offizielle Wettbewerbe und Spiele.

Zu den offiziellen Wettbewerben nach FCI gehören:

Agility-Lauf

Vorgegebener Parcours mit Kontaktzonen (zwingend). Dieser Lauf wird in das Leistungsheft eingetragen und zählt für den Aufstieg und auch für den Abstieg.

Jumping

Vorgegebener Parcours, aber ohne Kontaktzonen. Gilt in der Schweiz auch zum Auf- und Abstieg.

Zu den Spielen gehören:

Zeit-Fehler-Aus

Der Parcours wird in der richtigen Reihenfolge absolviert. Der Hundeführer muss in einem bestimmten Zeitrahmen Punkte sammeln. Jedes Hindernis ergibt einen Punkt. Der Parcours ist so ausgelegt, dass der Hund vom letzten Hindernis sogleich wieder über das erste gehen kann, sollte die Zeit noch nicht abgelaufen sein. Start und Ziel kann beispielsweise der Tisch darstellen. Es können Punkte gesammelt werden, bis entweder die Zeit abgelaufen oder der erste Fehler passiert ist. Fehler werden durch einen Pfiff des Richters angezeigt und das Zeitlimit durch den Pfiff des Zeitnehmers. Der Hund wird nun so schnell als möglich ins Ziel geschickt. Das Team mit den meisten Punkten und, als zweitem ausschlaggebenden Kriterium, der schnelleren Zeit gewinnt.

»Gambler«

Der Hundeführer kann auf einem von ihm selbst gewählten Parcours Punkte sammeln. Je nach Richter funktioniert dieses Spiel etwas anders. Das Team bekommt eine bestimmte Zeit genannt, um Punkte zu sammeln. Meistens ist es so, dass Kontaktzonen und Slalom nur maximal zweimal absolviert werden dürfen. Zwischen Kontaktzonen und Slalom befindet sich entweder ein Sprung oder es gilt einen Tunnel zu absolvieren. Dieselben Geräte dürfen nicht hintereinander (also vor und zurück) genommen werden. Der Richter kann auch einen Joker einsetzen. Meist sind es drei bis vier Geräte, die während der Zeit des Punktesammelns überwunden werden müssen. Oder dem Hundeführer steht eine bestimmte Zeit zum Schluss zur Verfügung (nachdem der Zeitnehmer gepfiffen hat), um den Joker zu absolvieren. Das Spiel ist von Richter zu Richter unterschiedlich, also lohnt es sich, bei der Parcoursbegehung gut zuzuhören.

Open

Parcours analog Agility-Lauf. Dieser wird nicht in die Leistungskarte eingetragen und es können mehrere Klassen zusammen gewertet werden (wie bei Ausstellungen die offene Klasse).

Fehler

(Auszug aus dem Schweizerischen Reglement, das dem FCI-Reglement unterstellt ist)

Zeitfehler

Das Überschreiten der Standardzeit wird pro Hundertstelsekunde mit 0.01 Fehlerpunkten gewertet und als Zeitfehler bezeichnet.

Fehler allgemeiner Art

Jeder Fehler wird mit fünf Fehlerpunkten gewertet.

Abwurf

Jeder Abwurf wird mit fünf Fehlerpunkten gewertet.

Kontaktzonen

Jede nicht korrekt absolvierte Kontaktzone wird mit fünf Fehlerpunkten gewertet. Auf der Schrägwand, der Wippe und dem Laufsteg muss der Hund unbedingt wenigstens einen Teil der Pfote auf die Kontaktzone beim Aufstieg und beim Abstieg setzen.

Verweigerung

Jede Verweigerung wird mit fünf Fehlerpunkten gewertet. Wenn der Hund bei der Absolvierung des Gerätes verweigert, muss der Hundeführer seinen Hund auf das verweigerte Hindernis erneut ansetzen, sonst wird das Team disqualifiziert. Die dritte Verweigerung im Parcours führt automatisch zur Disqualifikation.

Als Verweigerung gilt:

- Anhalten des Hundes vor dem zu absolvierenden Hindernis.
- Seitliches Ausweichen des Hundes, um das zu absolvierende Hindernis zu vermeiden.
- Vorbeilaufen am zu absolvierenden Hindernis, das den Hund zu einer halben Umdrehung zwingt, um das Hindernis erneut anzugehen.
- Hund, der nicht mehr in Bewegung ist.
- Falsches Einfädeln beim Slalom.

Spezifische Fehler und Verweigerungen bei einem Hindernis

Hürde

Läuft der Hund unter der Stange durch, ohne dass die oberste Stange fällt, wird eine Verweigerung ausgesprochen.

Läuft der Hund unter der Stange durch und die oberste Stange fällt, gilt dies als Zerstörung des Hindernisses (Disqualifikation).

Laufsteg

Das Abspringen vom Laufsteg ohne vorheriges Berühren des absteigenden Teils mit allen vier Pfoten wird als Verweigerung gewertet.

Wippe

Das Abspringen von der Wippe vor dem Überschreiten der Wippenachse wird als Verweigerung gewertet.

Das Verlassen der Wippe vor deren Berührung mit dem Boden wird als Fehler gewertet.

Schrägwand

Das Abspringen von der Wand ohne vorheriges Berühren des absteigenden Teils mit allen vier Pfoten wird als Disqualifikation gewertet.

Slalom

Zu Beginn muss sich der erste Slalompfosten auf der linken Seite des Hundes befinden. Wenn der Hund den Slalom falsch beginnt, wird dies als Verweigerung gewertet.

Alle falschen Eingänge werden als Verweigerung gewertet.

Verfehlt der Hund ein Tor, wird dies als Fehler beurteilt. Auf jeden Fall muss der Hundeführer den Fehler sofort korrigieren.

Die Fehler im Slalom werden auf maximal fünf Fehlerpunkte begrenzt. Insgesamt sind somit 15 Fehlerpunkte möglich. (Zwei Verweigerungen ergeben zum Beispiel zehn Punkte und ein oder mehrere Fehler ergeben fünf Punkte.)

Fester und Stoff-/Sack-Tunnel

Steckt der Hund eine Pfote oder den Kopf in den Tunnel und zieht sich dann wieder zurück, wird dies als Verweigerung gewertet.

Wendet der Hund im Tunnel und verlässt er ihn auf der Eingangsseite, wird dies ebenfalls als Verweigerung gewertet.

Pneu/Reifen

Springt der Hund zwischen Rahmen und Pneu statt durch den Pneu, wird dies als Verweigerung gewertet.

Weitsprung

Überspringt der Hund das Hindernis in der Breite, gilt dies als Verweigerung. Das Umwerfen eines Elementes wird als Fehler gewertet.

Disqualifikation

Eine Disqualifikation bedeutet, dass der Hundeführer den Parcours zusammen mit seinem Hund sofort zu verlassen hat. Der Richter kann beim Briefing andere Anweisungen geben. Die Disqualifikation muss vom Richter durch einen Pfeifton und/oder ein Handzeichen angezeigt werden. Alle in der nachstehenden Aufstellung nicht vorgesehenen Fälle werden durch den Richter beurteilt. Selbstverständlich muss der Richter vom Beginn bis zum Ende des Wettbewerbes für alle Teams den gleichen Maßstab ansetzen.

Folgende Fehler ziehen eine Disqualifikation nach sich:

- Unkorrektes Verhalten des Hundeführers gegenüber dem Richter.
- Aggressives Verhalten des Hundes gegenüber dem Ringpersonal.
- Misshandlung eines Hundes.
- Überschreiten der Maximalzeit.
- Dritte Verweigerung im Parcours.
- Hindernisse nicht in der richtigen Reihenfolge/von der falschen Seite angehen.
- Hundeführer über-, unter- oder durchquert selbst ein Hindernis.
- Hundeführer hält während des Laufes etwas in der Hand.
- Hund trägt während des Laufes irgendein Halsband.
- Hund verlässt den Parcours oder befindet sich nicht mehr unter Kontrolle des Hundeführers.
- Hund versäubert sich im Parcours.
- Hund oder Hundeführer zerstören ein Hindernis vor dessen Absolvierung; Ausnahme: Erfolgt die Zerstörung während der ersten Absolvierung des Hindernisses (wird mit Fehler gewertet) und folgt dieses im späteren Ablauf des Parcours nochmals.
- Berührung des Tischs mit elektronischer Zone durch den Hundeführer mit Auslösung der Zeitnahme.
- Hund geht im Slalom mehr als zwei Tore in die falsche Richtung.

Qualifikationen

Für den Wettbewerb werden folgende Qualifikationen zuerkannt:

Vorzüglich (v)
0 bis 5.99 Gesamtfehlerpunkte

Sehr gut (sg)
6 bis 15.99 Gesamtfehlerpunkte

Gut (g)
16 bis 25.99 Gesamtfehlerpunkte

Nicht klassiert (nk)
ab 26.00 Gesamtfehlerpunkte

Wettbewerbsteilnahme

An den Wettbewerben (offizielle Wettbewerbe und Spiele) können Hunde ab einem Alter von 18 Monaten teilnehmen.

Wettbewerbsausschluss

- Hunde, die bei einer allfälligen Tierarztkontrolle ausgeschieden werden.
- Die gesetzlichen Bestimmungen für Impfungen sind einzuhalten. Wird dies nicht eingehalten, droht der Ausschluss
- Hunde, die gemäß der Beurteilung des Richters verletzt oder physisch offensichtlich nicht zur Bestreitung eines Wettbewerbs in der Lage sind.
- Trächtige Hündinnen sind zum Schutz der Hündin und der ungeborenen Welpen ab der abgeschlossenen fünften Woche nach dem Deckakt von sämtlichen Agility-Meetings ausgeschlossen. Hündinnen mit Welpen sind bis einschließlich der achten Woche nach der Geburt der Welpen von sämtlichen Agility-Meetings ausgeschlossen.

PHYSIO

Warm-up – Cool-down

gezielter Muskelaufbau

II. PHYSIO Warm-up – Cool-down, gezielter Muskelaufbau

Einige Worte vorab

Ich arbeite mit dem Clicker oder einfach mit einem Markerwort. (Clickertraining bedeutet, dass erwünschtes Verhalten des Hundes mittels eines Clickers verstärkt wird. Aus wissenschaftlicher Sicht fällt das Clickertraining als konditioniertem, sekundärem Verstärker unter die operante Konditionierung. Dazu gibt es viele gute Bücher. Sie werden sehen: Es lohnt sich, sich auf diese Trainingsform einzulassen.

Für meine Arbeit ist das Shapen wichtig. Das heißt, dass wir den Hund nicht mit Keksen zu etwas animieren und er nur diesen folgt, sondern dass er aus freien Stücken und mit Selbstinitiative Verhalten anbietet. Jeder Ansatz wird gelobt und mit Clicker oder Markerwort verstärkt. Auch dazu gibt es reichlich Literatur.

Mein Welpe, mein Sportkamerad für viele Jahre, mein neuer Begleiter auf Turnieren

Neben der Sozialisierung meines jungen Hundes und Vorbereitung auf die besondere Atmosphäre beim Training und im Turnier macht es auch Sinn, seine körperlichen Fähigkeiten gezielt zu schulen. Alles mit dem Wissen, dass der große Hund erst mit 18 Monaten, der kleine Hund mit 12 Monaten wirklich ausgewachsen ist. Körperliche Anforderungen an meinen Welpen für den Agility-Sport sind: Schnellkraft im Sprint, Sprungkraft und Koordinationsvermögen. Dieses trainiere ich parallel zum eigentlichen Training an den Agility-Geräten. Die Beschleunigungskraft holt sich der Hund aus seiner Hinterhand. Seine Vordergliedmaßen werden bei der Landung extrem stark beansprucht, ebenso wie beim Abbremsen auf den Zonen. Im Slalom besteht eine starke Beanspruchung der Wirbelsäule, insbesondere bei der Einhandmethode mit der Doppel-S-Linie der Wirbelsäule. Probleme, die auftreten können, sind Verspannungen vorne, Schwierigkeiten an den Zehengelenken, Muskelverspannungen und Sehnenentzündungen. Um meinen Hund zu Höchstleistungen zu bringen und gleichzeitig sein Verletzungsrisiko zu minimieren, lege ich großen Wert auf gezieltes, dem jeweiligen Sport angepasstes Warm-up und Cool-down.

Warum Aufwärmen und Cool-down so wichtig sind

Das Aufwärmen dient vor allem der besseren Durchblutung der Muskulatur. Dabei wird die Sauerstoffversorgung verbessert, die Nervenimpulse werden schneller weitergeleitet und die Nährstoffe im Blut besser transportiert.

Warm-up

Wie wird denn am besten aufgewärmt?

Allgemein gilt: Entspanntes Traben von fünf bis zehn Minuten dient zur Entspannung von Körper und Nervenkostüm und zur Aktivierung des Herz-Kreislaufsystems.

Zur Verbesserung der Beweglichkeit mache ich mit meinem Hund Gymnastikübungen wie eine Acht um die Beine, Seitwärtsgehen, Rückwärtsgehen, Positionswechsel (Sitz, Platz, Steh). Aber Achtung: Diese Übungen sollten nicht zu flott absolviert werden, sondern lieber in mäßigem Tempo. Das Aufwärmtraining dient dazu, Verletzungen vorzubeugen. Auch die Beweglichkeit der Wirbelsäule wird hier beachtet mit aktiven Dehnungen auf beiden Seiten. Hierzu führe ich die Nase meines Hundes mit einem Leckerchen seitlich an die Höhe der Schulter, zur Taille und zum Schwanzansatz. Diese Übungen lasse ich den Hund auf beiden Seiten in langsamem Tempo ausführen.

Konkret heißt dies: Es sollten dem Sport angepasst kleine Sprünge mit Wendungen gemacht werden. Ziehspiele mit Beißwurst eignen sich genauso gut. Richtig ausgeführt wirken sie wie aktives Dehnen. Legen Sie zusätzlich einen gemeinsamen Sprint hin, er wird Ihnen und Ihrem Hund guttun.

Genauso wichtig und effizient ist es, die Muskulatur zu massieren und die Gliedmaßen durchzubewegen. Bitte die Pfoten nicht vergessen!

Cool-down

Der Cool-down dient dazu, die Stoffwechselabbauprodukte im Gewebe möglichst schnell abzubauen. Kreislauf und Muskeltonus sollen sich in dieser Phase normalisieren. Außerdem wird Stress abgebaut.

Allgemein dauert der Cool-down so lange, bis der Hund eine entspanntere Atmung zeigt.

Gehen Sie so lange Schritt, bis der Hund weniger hechelt. Anschließend massieren Sie ihn und verbinden das mit passivem Dehnen (siehe Übungen weiter unten). Damit ist gemeint, dass Sie den Hund dehnen und nicht er sich selber. Dazu gehören Dehnen des Quadrizeps, Hamstrings, Trizeps und Bizeps. Dies möchte ich an dieser Stelle nicht erläutern, denn man muss das gezeigt bekommen. Bitte suchen Sie einen qualifizierten Physiotherapeuten auf, der sich Zeit nimmt und Ihnen diese Dehnungen zeigt. Es ist wichtig, dass man bei der Ausführung korrigiert wird. Mit dem passiven Dehnen möchte ich Muskelverkürzungen entgegenwirken, die beim ermüdeten Muskel entstehen. Die Muskulatur wird besser durchblutet, das Ausschwemmen der Stoffwechselabbauprodukte begünstigt.

Passives Dehnen heißt, dass der Mensch bestimmte Übungen ausführt und der Hund diese passiv mitmacht. Beim aktiven Dehnen wird das vom Hund selber gemacht.

Beim passiven Dehnen führe ich am Hund eine Bewegung aus. Ich strecke sein Bein, ich beuge es an. Der Hund führt diese Bewegung wie gesagt nicht selber aus wie beim aktiven Dehnen. Beim aktiven Dehnen führe ich beispielsweise den Kopf des Hundes mit einem Leckerchen in eine Position, in der sich die Muskeln dann anspannen, die ich dehnen möchte.

Gezielter Muskelaufbau

Nun zu den Übungen zum gezielten Muskelaufbau. Es ist wichtig, immer einen erfahrenen Physiotherapeuten hinzuzuziehen, damit die Übungen richtig ausgeführt werden. Es können sich sonst

Auf diesem Bild sieht man, wie der Hund aktiv gedehnt wird.
Eine gute Übung nach links und rechts.

Hier wird der Biceps passiv gedehnt.

sehr leicht Fehler einschleichen – der Effekt wäre dadurch negativ.

Übungen mit dem jungen Hund

Bodenarbeit

Für die Bodenarbeit ist es am besten, wenn Sie ganz locker an die Sache rangehen. Bleiben Sie ruhig und lassen Sie Ihren Hund sich entwickeln. Misserfolge bei diesen Übungen sind noch lange kein Beweis dafür, dass Ihr Hund für den Agility-Sport ungeeignet ist. Manche Hunde brauchen einfach etwas länger, bis sie ihre vier Beine im Griff haben.

Diese Übungen sind dazu da, dass der Hund ein Gefühl für seine Beine und Pfoten bekommt. Viele

Dehnung des Triceps.

Passives Dehnen des Quadriceps.

Vierbeiner sind sich ihrer Vorhand wohl bewusst, es liegen auch ca. 70 % des ganzen Körpergewichts auf der Vorhand. Bei den meisten läuft die Hinterhand hingegen einfach mit. Es ist aber sehr wichtig, dass ein Agility-Hund über eine gute Koordination seiner Hinterläufe verfügt. Um das zu erreichen, gibt es einige sehr gute Übungen. Es geht hier nicht darum, dass der Hund die Übungen möglichst schnell ausführt. Machen Sie die Übungen ruhig (Konzentration erfordert Ruhe). Und belohnen Sie die richtigen Ansätze Ihres Hundes.

Leiter laufen: Für diese Übung eignet sich am besten eine (alte) Holzleiter ohne gefährliche Kanten. Diese legen Sie nun einfach auf den Boden und gehen mit Ihrem Hund in ruhigem Tempo dar-

über. Es geht zu Beginn darum, dass der Hund seine Pfoten in die Zwischenräume stellt und auch, dass er die Läufe leicht anheben muss und nicht einfach »schlurfen« kann. Bei großen oder schon älteren Hunden kann man die Leiter etwas unterlegen, damit der Hund die Beine noch mehr anheben muss (bitte höchstens um eine halbe Ellenbogenlänge erhöhen, ansonsten fängt der Hund an zu springen, und das ist nicht das Ziel der Übung). Der Hund lernt sehr schnell, sich nicht auf die Sprossen zu stellen, sondern seine Beine so zu manövrieren, dass er die Zwischenräume trifft.
Um den Schwierigkeitsgrad zu erhöhen, können Sie mit dem Hund üben, auf den Sprossen zu laufen. **Achtung:** Sie dürfen keine scharfen Kanten haben. Der Hund soll nichts Negatives mit dieser Übung verbinden.

Stangen laufen: Für die Arbeit mit jungen Hunden machen Sie Folgendes: Knicken Sie leere Getränkedosen in der Mitte ein und legen Sie je ein Ende einer Stange in die Dosen-Kerben. Platzieren Sie mehrere hochgestellte Stangen in unterschiedlichen Abständen nebeneinander. Es geht nun darum, dass der Hund über die Stangen schreitet oder trabt, aber nicht springt. Keine Angst, sobald die Stangen auf Höhe der Ellbogen des Hundes sind und er mit mehr Tempo arbeitet, kann er gar nicht anders als springen. Sie bringen dem Hund also nichts Schlechtes bei. Wann immer der Hund jetzt die Stange berührt, sage ich: »Äh-Äh.« Klappt die Übung, lobe ich den Hund. Für mich gibt es zwischen Touchieren der Stange und Werfen keinen Unterschied. Wenn der Hund eine Stange touchiert, ist es reine Glückssache, ob sie fällt oder nicht. Üben Sie bitte anfangs nur mit einer Stange, nehmen Sie dann eine zweite hinzu usw. Jedes Mal, wenn Sie sich sicher sind, dass der Hund die Übung erfolgreich meistert, legen Sie eine Stange dazu.

Dasselbe kann man mit Stangen und Pylonen machen. Eine Investition in ordentliches Hindernismaterial lohnt sich und ist auch schon für kleines Geld zu bekommen. Mit diesen Utensilien können viele verschiedene Übungen durchgeführt werden.

Geradeaus: Stellen Sie erst zwei Pylonen auf, dann mit wachsendem Erfolg immer eine mehr, bis Sie fünf Pylonen hintereinander in einer Geraden stehen haben. Bei jungen Hunden können Sie die Stangen auf einer Seite in die Pylone stecken und auf der anderen Seite auf den Boden legen. So wird's leichter. Je älter der Hund ist, desto höher können die Stangen gelegt werden. Es geht hier nicht um die Höhe an sich, sondern darum, dass der Hund seinen Körper kennenlernt. Erst soll der Hund diese Übung gezielt und langsam machen. (Die meisten Jungspunde haben sowieso für alles zu wenig Zeit.) Je älter und geschickter der Hund wird, desto schneller (Trab!) kann die Übung ausgeführt werden. Mit der Zeit wird die Gerade zu einer Kurve und die meisten Hundeführer werden feststellen, dass ihre Hunde eine stärkere und eine schwächere Seite haben. Üben Sie immer erst die sichere Seite, da der Hund lernen soll, und das geht auf der schlechten Seite nicht so gut. Wir wollen dem Hund aufzeigen, was er kann, nicht was er nicht kann. Wenn er einmal verstanden hat, worum es geht, ist es für ihn einfacher, auch auf der schlechten Seite zu arbeiten.

Stern: Die Stangen werden sternförmig angeordnet und der Hund (der für diese Übung schon min-

destens sechs Monate alt sein sollte) motiviert, darüber zu gehen. Auch hier gilt: In der Ruhe liegt die Kraft.

Rückwärtsgehen

Das Rückwärtsgehen ist für mich eine sehr wichtige Übung. Es kann schon mit jungen Hunden geübt werden, einfach bitte nicht zu häufig und vor allem keine Stangen oder Stufen nutzen.

Stellen Sie sich an eine Wand und ›grätschen‹ die Beine, Ihr Hund steht vor Ihnen. Nun legen Sie einen Keks in geringem Abstand vor den Hund (bitte am Anfang nur einige Zentimeter) und einen Keks nehmen Sie in die Hand. Jetzt wird sich der Hund nach vorne ausrichten und den zusätzlichen Keks nehmen. Clicken Sie in diesem Moment! Sogleich wird der Hund eine (angedeutete) Rückwärtsbewegung machen, damit er den Keks aus Ihrer Hand nehmen kann, denn das Clickgeräusch bedeutet ja, dass der Hund eine Belohnung von Ihnen erhält. Machen Sie dies einige Male hintereinander. Mit der Zeit wird der Hund dieses Verhalten »runterspulen«. Jetzt clicken Sie erst bei

***Geradeaus** nach den Stangen steht der Futterautomat, damit der Hund auch den Fokus nach vorne hat und sich nicht zu Ihnen umschaut und die Arbeit schräg absolviert.*

der Rückwärtsbewegung. Wenn der Hund einmal verstanden hat, worum es geht, ist es einfach. Der Keks wird weiter in Ihre Grätsche gelegt (die Wand im Rücken verhindert, dass der Hund den Keks nimmt und in einer Vorwärtsbewegung um Sie herumläuft), so muss der Hund immer weiter zurückgehen. Beim Welpen reichen einige Schritte. Je weiter der Hund zurückgehen kann, desto schwieriger wird es für ihn, gerade zu gehen. Stellen Sie sich dazu seitlich an eine Wand und zwar auf die ›schlechte‹ Seite des Hundes, in die er zu driften tendiert. Dies hilft dem Hund, gerade zu bleiben und seine Beine gleichermaßen zu entwickeln.

Upgrade Rückwärtslaufen: Wer diese Übung meisterhaft beherrscht, kann sich noch ein Upgrade antrainieren. Dazu geht es entweder ein paar flache Stufen hoch oder auf ein Physiokissen oder gar über Stangen auf ein Physiokissen. Dazu fange ich mit etwas sehr Flachem an und stelle den Hund unmittelbar davor. Durch das Kommando »Zurück« o.Ä. weiß er bereits, was er zu tun hat und wird sich vielleicht über den kleinen

Führen Sie Ihren Hund sorgsam über die Stangen.

Widerstand wundern. In der Regel wird er ihn aber sehr einfach überwinden oder sich auf ihn stellen. Der Hund wird geclickt und ihm in dieser Position ein Keks verabreicht. Dann wird der Keks so auf den Boden gelegt, dass der Hund vom Gegenstand minimal wegezogen wird und er wieder alle vier Pfoten auf dem Boden hat. Dies erfolgt in immer größerem Abstand, so dass das Rückwärtslaufen hin zum Gegenstand immer ausgedehnter wird. Alternativ kann so beispielsweise eine Treppe hochgegangen werden. Oder es werden bis zum Gegenstand verschiedene Hindernisse eingebaut, wie unterschiedlich hohe Physiokissen (die aber nicht rutschen sollten) oder auch Stangen auf geringer Höhe.

Handstand

In dieser deutlich schwereren Aufgabe wird der Hund in den Handstand gebracht. Er wird gerade vor einer Wand im Steh platziert. Auf das Kommando »Zurück« o.Ä., das er schon gelernt hat (beispielsweise rückwärts auf das Kissen), wird der Hund mit der Hinterhand auf einen erhöhten Gegenstand »peilen« (das kennt er ja schon). In

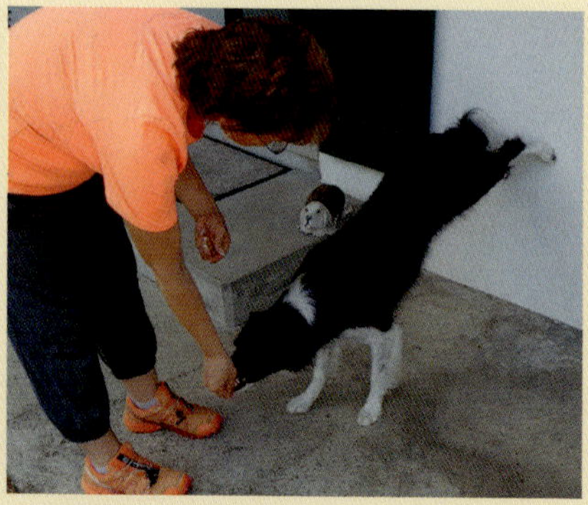

Auch im Handstand können Dehnübungen gemacht werden, bis der Hund nur noch mit seinen Pfotenspitzen an der Wand bleibt. Je mehr man übt, desto besser kann es der Hund dann irgendwann auch.

Das Kissen ist ein prima Hilfsmittel. Hat der Hund einmal gelernt, dass es ganz toll ist, wenn die Hinterbeine darauf stehen, kann man auf dem Kissen das Rückwärtsgehen üben und auch das Dehnen nach vorne. Die Hinterbeine bleiben auf dem Kissen. Dazu wird der Hund mittels Keks oder Handtarget nach vorne gelockt, so weit wie er kann, und die Hinterbeine bleiben dabei auf dem Kissen stehen. Keine Angst, Sie können dabei nicht viel falsch machen, der Hund wird, wenn es für ihn nicht mehr geht, einfach nicht auf dem Kissen stehen bleiben. Machen Sie die Übung nur so weit, wie der Hund das auch möchte und forcieren Sie nichts.

diesem Moment wird der Hund geclickt. Das Verhalten wird so weiter geformt (shapen), bis der Hund irgendwann im Handstand steht.

Rückwärts einparken

Mein Hund kann auch »rückwärts einparken«, der Befehl dafür ist zum Beispiel »Garage«. Der Hund kommt auf mich zu. Das Leckerchen halte ich in der rechten Hand. Mit diesem wird der Kopf des Hundes in einem Halbkreis von mir weggedreht. Mit dem Leckerchen wird der Hund in eine halbe Drehung geführt und dann rückwärts zwischen meinen Beinen eingeparkt. Nun gehe ich einen Schritt vorwärts, um dem Hund die Übung anfangs etwas zu erleichtern. Im nächsten Schritt sollte der Hund selbständig rückwärtsgehen, um so zwischen den Beinen zu laufen. Mit dem Befehl »Mitte« können Sie auch Rechts- und Linksübungen einbauen.

Der Hund sitzt zwischen Ihren Beinen, Sie führen ihn mit der linken Hand um Ihr linkes Bein. Sie haben in jeder Hand ein Leckerchen. Der Hund wird dem Leckerchen, das Sie in der linken Hand halten, nachlaufen. Wenn die Reichweite dieser Hand zu Ende ist, geben Sie dem Hund das Leckerchen, führen Sie dabei Ihre rechte Hand (immer noch mit Leckerchen bestückt) durch Ihre Beine und holen den Hund wieder ab, damit dieser mittig zwischen Ihren Beinen sitzt.

Diese Übung wiederholen Sie mit dem Links- und Rechts-Kommando solange, bis Sie nur noch ganz feine Hilfestellung mit der Hand geben müssen. Das Ziel soll sein, dass Sie am Ende kein Handzeichen mehr brauchen. Natürlich gehen Sie dabei keiner bestimmten Reihenfolge nach, sondern setzen »Links« und »Rechts« eher nach dem Zufallsprinzip ein. Je besser der Hund die Richtungssignale versteht, desto besser können Sie diese nachher auch anwenden. Lassen Sie den Hund nicht immer eine Acht laufen, sondern auch zwei- bis dreimal nur um das linke Bein, dann wieder um das rechte. Abwechslung ist hier angesagt.

Stabilisierungsübung

Dies ist eine einfache Übung, dennoch sehr effizient. Stellen Sie sich neben den Hund und legen Sie die linke Hand an seine linke Schulter. Ihre rechte Hand legen Sie hinten an seine rechte Flanke. Nun üben Sie ganz leichten Druck mit beiden Händen aus. Der Hund soll lernen, Ihren Druck

Stabilisierungsübung: eine tolle Übung für jedes Alter.

mit Gegendruck auszugleichen und sich auszubalancieren. Muss der Hund eine Pfote verschieben, um den Druck auszugleichen, müssen Sie unbedingt daran arbeiten. Sie sollten aber immer nur so viel Druck ausüben, dass der Hund auch den gewünschten Gegendruck erzeugen kann. Danach machen Sie dasselbe seitenverkehrt. Der Hund hat vielleicht eine bessere und eine schlechtere Seite, Sie werden das schnell herausfinden. Hier gilt es nun, die schlechtere Seite zu verbessern und die Feinmuskulatur aufzubauen.

Seitwärts auf ein Brett oder über Stangen steigen

Auch dies ist eine gute Übung für die Koordination. Dazu nehmen Sie ein Brett o.Ä. Stellen Sie Ihren Hund seitlich neben das Brett. Diese Übung kann man sehr gut mit Keksen in der Hand machen und den Hund seitlich auf das Brett führen. Auch hier zeigt sich oft eine gute und eine schlechtere Seite. Es empfiehlt sich, die schlechte Seite etwa im Verhältnis 2:1 zu arbeiten. Wählen Sie das Brett oder die Stange zu Beginn sehr tief. Sie möchten ja, dass der Hund durch seitliches Verschieben erfolgreich ist. Zu Beginn sind Sie auch mit einer kleinen seitlichen Bewegung zufrieden und belohnen diese. Er muss ja nicht gleich am Anfang das Endergebnis zeigen.

Sitz, Platz, Steh auf einem Brett

Hier muss geprüft werden, ob der Hund die Aufgabe überhaupt bewältigen kann. Wenn er zum Beispiel im Platz immer kippt und deshalb vom Brett fällt, muss die Übung erst auf einem breiteren Brett gemacht werden. Sollte doch ein schmales Brett verwendet werden, darf es sich auf jeden Fall nur einige Zentimeter über dem Boden befinden. Es braucht schon etwas Balancegefühl, diese Aufgabe zu lösen. Ein weiterer Effekt ist die Stärkung der Muskulatur. Der Hund wird abwechselnd mit einem Keks ins Platz, Steh oder Sitz geführt. Natürlich kann die Übung auch ohne Keks gemacht werden, wenn der Hund die Positionen auf Kommando schon ausführen kann. Wichtig ist, dass der Keks ganz nah an seiner Nase geführt wird, nicht dass der Hund vor lauter Dem-Keks-Hinterherschauen vom Brett fällt.

Noch schwieriger wird es, wenn der Hund auf allen vier Kissen stehen soll.

Alle Pfoten in einen Napf oder Karton

Auch diese Übung bringt sehr viel für das Körpergefühl und die Koordination. Wie die Übungen zuvor kann auch diese mit dem Clicker geshapt werden. Hierfür wäre es toll, wenn der Hund eine Pfote in die Kiste setzen würde. Werfen Sie den Keks von der Schachtel weg, so dass der Hund immer wieder »von vorne« anfangen muss. Außerdem ist es etwas einfacher, wenn der Hund bereits in Bewegung ist und auf die Schachtel zugeht, als dass er davorsteht und nicht weiß, was tun. Die Kriterien werden immer schwieriger, mal soll eine Pfote rein, dann eine weitere, dann eine dritte und zuletzt eine vierte -> Jackpot. Wenn der Hund die Übung verstanden hat, dann wird eine kleinere Schachtel genommen. Machen Sie die Schritte wie immer nicht zu groß bis Sie zum Schluss bei einer kleinen Schachtel oder einem Napf oder Ähnlichem angelangt sind. Der Fantasie sind hier keine Grenzen gesetzt.

Pfotenkissen

Dies sind kleine Kissen, auf ihnen soll der Hund mit allen vier Pfoten stehen. Fangen Sie wie immer klein an. Hat der Hund schon ein Pfotentarget gelernt (er soll etwas gezielt mit der Pfote berühren), können Sie mit der Übung sofort beginnen. Warten Sie ab, was der Hund Ihnen vorschlägt. Kennt er bereits das Kommando, mit dem er etwas mit den Pfoten berühren soll, können Sie dieses selbstverständlich benutzen. Ansonsten nehmen Sie das Kissen in die Hand und lassen es den Hund mit seiner Pfote berühren. Es ist wichtig, dass er das Kissen nicht nur berührt, sondern auch verharrt und dabei ruhig bleibt. Hat er das verstanden und bleibt er ruhig, arbeiten Sie bei der nächsten Pfote erst ohne Kissen. Sobald der Hund – unabhängig von den Vorderpfoten – verinnerlicht hat, was Sie von ihm möchten, versuchen Sie die Aufgaben zusammenzufügen. Dasselbe gilt es nun mit den Hinterbeinen zu machen.

Elefant

Am besten wählt man bei Welpen und Junghunden ein kleines Podest und kein Therapiekissen. Das ist noch zu schwierig, da neben der Übung auch die Balance verlangt wird. Der Hund soll ler-

Der Hund lernt, seine Vorderhand nur minimal zu bewegen und mit der Hinterhand zu arbeiten.

nen, sich mit den Vorderbeinen auf das Podest zu stellen. Wenn er dies zielgerichtet macht, kann man zum nächsten Schritt übergehen. Jetzt geht es darum, dass der Hund einen Kreis läuft, aber mit den Vorderbeinen auf dem Podest stehen bleibt. Wenn der Hund eine »stärkere« Seite haben sollte, dann beginnen Sie mit dieser. So fällt es ihm etwas leichter ... Hat er die Übung verstanden, muss er sich nur noch auf seine schlechtere Seite konzentrieren.

Die meisten Hunde stehen sehr gerne frontal vor uns, weil sie gelernt haben, dass sie den Großteil der Kekse in dieser Position erhalten. Jetzt verschieben wir uns ein ganz kleines bisschen nach links. Der Hund wird uns folgen wollen, muss dabei allerdings mit den Hinterbeinen nachrutschen. Die Bewegung der Hinterbeine wird geclickt und der Hund frontal gefüttert. Während er gefüttert wird, verschieben wir uns wieder etwas nach links usw.

So lernt der Hund, seine Hinterbeine zu gebrauchen. Die Distanz, in der wir uns verschieben, wird nun immer größer, bald schon üben wir auch die andere Seite. Möchte man die Übung erweitern, kann man auch Stangen auslegen, über die der Hund steigen muss. Das erschwert die Aufgabe ungemein.

Gleichgewichtsübung auf dem Donut

Der junge Hund soll lernen, seinen Körper auszubalancieren. Für diese Übung kann man entweder ein einfaches Kissen oder einen stark aufgeblasenen Donut (ein Kissen mit einem Loch in der Mitte, das aussieht wie das bekannte Süßgebäck) benutzen. Am Anfang wird dieser an eine Wand gedrückt, damit er nicht wegrutschen kann und relativ stabil bleibt. Hat der junge Hund gelernt, sich auf diesem Donut auszubalancieren, kann man damit beginnen, ihn darauf sitzen zu lassen. Hinlegen, Pfote geben, Kopf nach links oder rechts mit dem Handtarget abrufen etc. – alles ist möglich. Diese Übungen verlangen aber sehr viel von unserem kleinen Freund, daher sollten die Einheiten eher kurzgehalten werden.

Man kann auch ein Kissen, einen angepassten Donut oder eine Erdnuss (ein Physiokissen in der Form einer Erdnuss) nehmen. Der Hund ist mit den Hinterbeinen auf dem niedrigen Kissen und mit

Auf dem Donut: Der Hund sollte zwischen den Positionen Sitz, Platz und Steh wechseln und sich ausbalancieren können.

Aktives Dehnen – wie den Kopf nach links und rechts zur Hüfte dehnen – kann geübt werden. Dabei soll der Hund lernen, auch bei Aufgaben seine Balance zu halten.

den Vorderbeinen auf dem hohen. Nun sollte der Hund abwechselnd ins Sitz und ins Steh gehen. Dadurch wird seine Hinterhandmuskulatur gestärkt und es ist gut für seine Balance.

Hasi

Die Rücken- und Bauchmuskulatur wird gestärkt, wenn sich der Hund im Sitz aufrichtet. Der Hund sitzt – nun kann ich dies mit dem Handtarget abrufen. Ich halte die Hand leicht über die Nase des Hundes. Der Hund muss sich etwas anstrengen, damit er mit seiner Nase an die Hand stupsen kann. Passen Sie auf, dass der Hund keine ruckartigen Bewegungen macht, sondern sich sachte hochstemmt. Wenn er das noch nicht kann, sollte man in ganz kleinen Schritten vorgehen. Sollten die Muskeln noch nicht ausreichend ausgebildet sein (vor allem bei ganz jungen Hunden), kann dem Hund geholfen werden, indem er einfach beide Pfoten auf unseren Arm legen darf und sich so nicht ganz alleine halten muss (ich nenne dies Babyhasi).

Diese Übungen kann auch mit Leberkäse oder Ähnlichem aus einer Tube belohnt werden. So

Wenn der Hund schon Hasi kann, kann man dies auch auf dem Donut abfragen.

Hinten tief, vorn hoch: Der Hun soll hier mit seine Hinterhand arbei ten. Und ja, wi hatten Spaß bein Shooting

lernt der Hund, sich in dieser Position länger zu halten.

Kann der Hund das Hasi sehr gut, kann man ihn zur Stärkung seiner Hinterhandmuskulatur dazu auffordern, abwechselnd die Positionen Auf-den-Hinterbeinen-Stehen und wieder ins Hasi runtergehen einfordern. Der Hund wird dabei in beiden Positionen abwechselnd gelobt.

Tanzen

Ihr Hund hat »Mitte« gelernt, findet diese Position toll und zeigt keinerlei Unsicherheiten. Behalten Sie Ihre Füße nah beieinander und versuchen Sie, die Knie auseinanderzudrücken. (Sie haben nun regelrechte O-Beine.) Jetzt muss sich der Hund bei jedem Mal »Mitte« mehr durch diese Öffnung zwischen Ihren Beinen durchzwängen. Loben Sie ihn erst, wenn er mit den Pfoten auf Ihren Schu-

Tanzen: Der Hund lernt spielerisch, dem Menschen zu vertrauen und auch wie wichtig es ist, seine Hinterbeine zu bewegen.

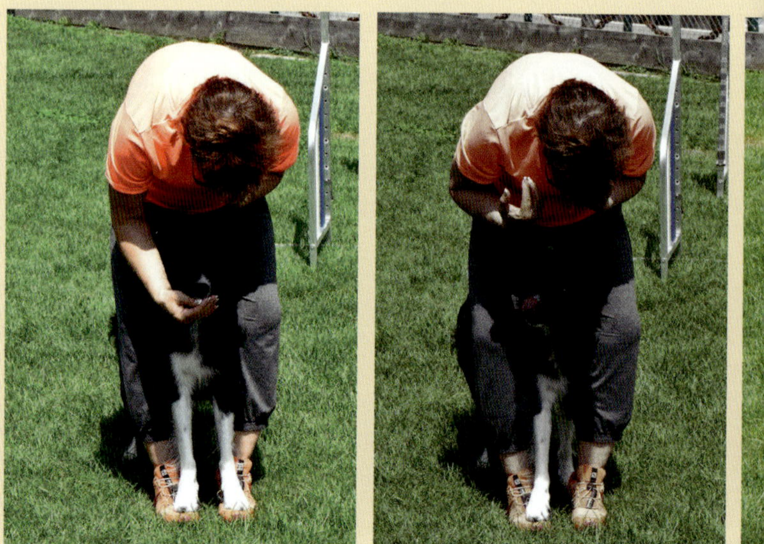

hen steht. Wenn diese Position für den Hund angenehm ist, und er schon viele Leckerchen erhalten hat, versuchen Sie behutsam, einen Fuß anzuheben. Ganz leicht, nicht zu hoch. Nun loben Sie den Hund.

Beobachten Sie bitte Ihren Hund. Ihre Position ist sehr dominant und könnte großen Stress beim Tier auslösen. Wenn dem so sein sollte, gehen Sie bitte wieder einen Schritt zurück. Wenn alles super läuft, können Sie versuchen, in kleinen Schritten vorwärtszugehen. Wenn Sie die Übung noch steigern möchten, dann gehen Sie zur Seite und im Kreis und als schwierigstes Element rückwärts. Bitte nur in kleinen Schritten und treten Sie Ihren vierbeinigen Freund nicht. Mit diesen Übungen soll der Hund lernen, die Verschiebung der Vorderhand mit der Hinterhand zu korrigieren. Keine leichte Aufgabe, denn sie erfordert viel Geschick. Sie schlagen mit dieser Übung zwei Fliegen mit einer Klappe: Sie trainieren einerseits die Koordination des Hundes, andererseits lernt er, dass keine Position unangenehm oder gefährlich ist.

Hinten tief, vorne hoch

Hier geht es darum, dass der Hund auch in dieser Position vom Steh ins Sitz kann. Er stärkt dadurch seine Hinterhand.

Achtung: Diese Übungen sind äußerst anstrengend und sollten nicht zu lange am Stück gemacht werden. Sobald Sie merken, dass der Hund ermüdet, sollten Sie wieder ein Spiel einbauen oder ihn etwas massieren. Es ist wichtig, sich dafür von einem gut ausgebildeten Physiotherapeuten anleiten zu lassen.

Die Ausbildung des Junghundes ohne Geräte

III. Die Ausbildung des Junghundes ohne Geräte

Da Agility eine erhebliche Belastung für den Hund darstellt ist es sinnvoll, mit dem richtigen Geräteaufbau erst mit einem ausgewachsenen Hund zu beginnen.

Die Belastbarkeit des Hunde-Skeletts in der Wachstumsphase

Während der Zeit des intensivsten Wachstums – zwischen dem ersten und dem neunten Monat – sind sowohl die knorpeligen als auch die knöchernen Anteile des Skelettes sehr fragil und somit den enormen mechanischen Belastungen nicht in ausreichendem Maße gewachsen. Dies gilt besonders für die Knochen und Gliedmaßen im Bereich der Wachstumszonen, das heißt in und um die Epiphysenfuge und in den Gelenksknorpeln. (Die Epiphysenfuge oder Wachstumsfuge bezeichnet die Fuge zwischen der Epiphyse (Endstück) und der Metaphyse der Röhrenknochen und besteht aus hyalinem Knorpel.) Der Gelenksknorpel und der Knorpel der Epiphysenfuge ist zur Zeit des intensivsten Wachstums – und nur zu dieser Zeit – mit Blutgefäßen durchsetzt, die die Verknöcherung einleiten. Dadurch ist die ohnehin schon geringe Stabilität des wachsenden Knorpels vermindert. Der Knochenschaft rund um die Epiphysenfuge fängt gerade an, sich zu bilden, d.h. er besteht noch vorwiegend aus Bindegewebe.

Starke mechanische Belastungen können sowohl im Gelenksknorpel der Epiphysenfugen als auch im gerade neu gebildeten Knochengewebe Schäden verursachen.

Schäden im Knochengewebe – in der Regel Mikrofrakturen – heilen spontan. Schäden im Knorpel der Epiphysenfuge leiten zu fehlerhaften Verknöcherungen, die meist durch den Heilungsprozess problemlos korrigiert werden (unter der Aufsicht Ihres Tierarztes). Schäden im Gelenksknorpel hingegen können zu bleibenden Arthrosen führen. Auch die Ansatzstellen von Bändern und Sehnen erreichen ihre volle Belastbarkeit erst nach Abschluss der intensivsten Wachstumsphase. Übermäßige Belastung kann zu Zerrungen führen, die, wenn noch die Knochenhaut einbezogen wird, sehr schmerzhaft sein können, was mit Hinken quittiert wird.

Allgemeine Infos

Nun wollen wir also unserem kleinen Wuffel genau diesen lustigen Sport vermitteln.

Mit fortgeschrittener Ausbildung geht es vor allem darum, nicht einfach den Parcours irgendwie zu absolvieren, sondern den Hund auf seiner idealen Linie zu führen. Der Mensch fungiert dabei als Navigationssystem und der Hund ist der Fahrer. Je besser und schneller der Hund die Informationen erhält, desto schneller und besser (fehlerfrei) kann der Hund den Parcours bewältigen. So wie auch das Navi nicht erst in der Kreuzung die Richtung vorgibt, so sollten wir auch dem Hund immer rechtzeitig sagen, wohin er gehen soll. Je besser also das Navi, umso besser der Hund. Wenn das Navi versagt, dann ist auch der Hund schlecht. Sie als Hundeführer haben nun folgende Möglichkeiten, Ihrem Hund zu zeigen, welchen Weg er einzuschlagen hat.

Füße

Wenn Sie allein die Schultern drehen, ist das den Hunden egal. Dies gilt nicht nur für kleine Hunde. Es ist auch für einen Large-Hund viel einfacher, sich nach unten (an Ihren Füßen) zu orientieren, als den Kopf hochzunehmen, um Ihre Schultern anzuschauen. Ihre Füße laufen immer in die Richtung, in die der Hund auch laufen soll. Sie sind quasi der Bildschirm des Navis. Hier erhält man die sichersten Infos. Bei einer Unsicherheit oder Diskrepanz wird der Hund dahinlaufen, wohin die Füße hinzeigen.

Hände/Arme

Ihre Hände sollen in der Regel nicht viel zeigen, wenn sie aber eingesetzt werden, dann sehr präzise. Normalerweise arbeiten wir mit der Führhand, das heißt mit der Hand, die näher beim Hund ist. Oft setze ich die Hände auch als »Laserpointer« ein. Hunde müssen lernen, auch auf die Hände zu achten. Die meisten orientieren sich automatisch an den Füßen. Es gibt aber Situationen, in denen der Hund sowohl auf die Füße als auch auf die Hände achten sollte. Die Führhand ist sozusagen das Gaspedal und die Gegenhand, die Hand, die vom Hund weiter weg ist, die Bremse. Das ist so, weil der ganze Körper sich zum Hund eindreht und der Hund sich dann zum Hundeführer hin orientiert.

Kommandos

Sie können Ihren Hund mit Ihrer Stimme sinnvoll unterstützen. Es ist wichtig, dass er lernt, gewisse Kommandos selbständig abzuarbeiten, egal wohin der Hundeführer rennt oder was er tut. Dies muss explizit geübt werden, damit der Hund verstehen lernt, was Priorität hat.

Blicke

Die Augen sagen sehr viel aus. Auch Menschen spüren, wenn sie angestarrt werden. Hunde haben in dieser Beziehung ein wesentlich größeres Feingefühl. Wenn Sie in Ihrer Funktion als Hundeführer das falsche Gerät anschauen, wird das auch der Hund tun. In der Regel möchte der Hundeführer die Kontrolle über seinen Hund behalten, daher schaut er auf ihn und hat auch das falsche Gerät im Blick. Versuchen Sie einmal Ihre Füße vom falschen Gerät wegzudrehen. Rufen Sie den Hund zu sich und schauen Sie dabei auf Ihre Füße. Sie werden staunen, der Hund wird zu Ihnen kommen.

Bewegung

Die Bewegung ist sehr wichtig. Gehen Sie immer in die Richtung, in die der Hund gehen soll. Mit der Anpassung der Laufgeschwindigkeit geben Sie ihm wichtige Informationen. Renne ich wie von einer Tarantel gestochen auf einen Tunnel zu, wird es wohl auch der Tunnel sein. Soll der Hund abbiegen und nicht weiter geradeaus rennen, sollte man das Tempo reduzieren. Vor allem nicht ganz so motivierte Hunde werden über Bewegung und Sprints in eine Wettrennsituation versetzt, was ihnen sehr viel Spaß bereitet.

Je mehr Informationen der Hund für den richtigen Parcoursverlauf erhält, umso einfacher ist es für ihn, den Weg zu finden.

Es sollten immer mindestens drei Hilfen eingesetzt werden. Möchte ich also beispielsweise schon von einem Gerät weglaufen, unterstütze ich den Hund

1. mit einem »Vor«, setze 2. die Hand wie einen Laserpointer ein und richte 3. meinen Blick auf das Gerät. So weiß der Hund, dass er, obwohl ich mich schon von ihm wegbewege, trotzdem in aller Ruhe das Gerät absolvieren kann.

Eine hilfreiche Übung ist es, immer mal wieder einige Sequenzen mit den Händen hinter dem Rücken, in den Taschen und/oder ohne Kommandos zu trainieren. Oftmals ist es so, dass verbale Kommandos Ungenauigkeiten des Körpers überspielen. Somit muss der Hundeführer sich wirklich wieder einmal auf seinen Körpereinsatz konzentrieren. Auch bei Hunden, die oftmals nicht richtig »zuhören«, wirken diese Übungen Wunder.
Lustig wird es, wenn ein Mensch mal Hund spielen muss. Dann kann er sich nämlich bei seinem »Hundeführer« beschweren.
Hunde drücken ihre Beschwerden aus, indem sie bellen. Meist werden sie dafür noch getadelt. (Ich rede hier nicht von Dauergebell.)

Bestätigung

Für ruhige Arbeiten – wie beispielsweise »Zonen stehen« – verwende ich Leckerchen und für alles »Triebige« – wie beispielsweise den Tunnel – das Spielzeug. Bindende Arbeiten, also Arbeiten, bei denen der Hund lernen soll, beim Hundeführer zu bleiben, bestätige ich mit Spielzeug (Zerrspiel), und für lösende Übungen (vom Hundeführer weg) lege ich das Spielzeug entweder an den Zielpunkt als Target oder ich werfe es in die gewünschte Richtung.

Immer wieder beobachte ich Hundeführer, die ihre Hunde knuddeln und am Kopf anfassen oder die Ohren »wuscheln«. Hunde mögen das gar nicht. Beobachten Sie das mal bei Ihrem Hund. Die meisten Hunde beschwichtigen (züngeln, gähnen) oder kontern gar mit einer submissiven (unterwürfigen) Haltung oder Handlung (sich ducken).
Wollen Sie Ihren Hund wirklich loben, dann bitte nicht mit bedrohlichem Über-ihn-Beugen oder

Ähnlichem, sondern mit Spielzeug, Leckerchen oder dezenten Gesten. Sind wir mal ehrlich: Auch wir finden überschwänglichen Körperkontakt bei der Arbeit oder wenn wir uns konzentrieren wollen, nicht toll. Zu Hause vor dem Fernseher ist das dann wieder eine ganz andere Kiste.

Gezielte spielerische Agility-Vorübungen mit dem Junghund ohne Geräte

Jeder, der sich einen Welpen kauft und den Wunsch verspürt, mit diesem Agility zu betreiben, wird leider von den meisten Hundesportvereinen darauf vertröstet, dass er Agility gerne betreiben darf, aber erst, wenn der Hund ein Jahr alt ist. Die Begründung liegt in der Regel in der Wachstumsphase des Hundes. Sicherlich ist dies vernünftig in Bezug auf die Gesundheit, sofern es sich um den Geräteaufbau (beispielsweise Hürden) handelt. Jedoch geht wertvolle Zeit verloren, in der der Hund sehr einfach aufzubauen wäre und ihm grundlegende, fürs Agility wertvolle Details vermittelt werden könnten. Es versteht sich von selbst, dass die Gesundheit des Hundes an erster Stelle steht und verschiedene Übungen auch erst geübt werden sollten, wenn das Alter des Hundes dies zulässt (genau wie das Treppensteigen).

Leider sehe ich immer wieder, wie bereits Welpen zu kleinen »Sportgeräten« ausgebildet werden. Früher, schneller, besser lautet hier wohl die Devise. Das ist nicht der Sinn der Sache. Ich kann mit einem Junghund auch Übungen machen, ohne dabei das Tempo im Fokus zu haben. Es geht lediglich darum, dass er versteht, welches Kommando was bedeutet und nicht, dass er schon wie ein Irrer auf dem Parcours rumlaufen soll. Auch enge Kurven ohne Geräte, bei denen der Hund mittels Spielzeug in ein höheres Tempo versetzt wird, als er das eigentlich im freien Spiel zeigen würde, dürfen nicht oft gemacht werden. Ab und zu geht das, aber keinesfalls dauernd und zu lange.
Nachfolgend werden diverse Spiele und Übungen speziell für den Junghund aufgezeigt, die mit etwas Fantasie ausgebaut werden können. Viel

Spaß mit dem zukünftigen Agility-Hund! Es ist nicht erwiesen, dass diese Übungen Sie und Ihren Hund zu einem »Weltmeisterschafts-Team« machen, aber nützen sie nichts, schaden sie zumindest bestimmt nicht. Sie geben uns eine tolle Möglichkeit, uns mit dem jungen, heranwachsenden Hund sinnvoll zu beschäftigen.
Einige Hunde sind weniger für ein Spielzeug zu begeistern, was ich bedaure. Mit einem Hund, der Spielzeuge liebt, lässt es sich einfacher und variabler arbeiten. Selbstverständlich bekommt auch er seine Leckerchen. Es gibt übrigens auch Spielzeuge, die mit Futter bestückt werden können. Der Hund bekommt immer wieder seine Leckerchen aus dem Spielzeug (Beutel oder Ähnlichem). Er zerrt dann zwar nicht unbedingt am Spielzeug, hat aber einen guten Fokus auf dieses.

Versuchen Sie einfach, das für den Hund richtige Spielzeug zu finden. Manche Hunde lieben echtes Fell (zum Beispiel Schaffell), andere bevorzugen Quietschis, wieder andere weiches Material etc. Nicht jeder Hund ist gleich. Wichtig ist, dass der Hundeführer auch lernt, richtig mit dem Hund zu spielen.
Welche Kommandos Sie wählen, ist Ihnen überlassen. Beachten Sie bitte, dass Sie keine zu gleich klingenden Kommandos verwenden, wie beispielsweise »Aus« und »Außen«. Sie klingen zu ähnlich. Aus diesem Grund verwenden wir für die Agility-Spiele oft englische Begriffe, da diese im Alltag noch nicht besetzt sind. Machen Sie sich also Gedanken über jedes einzelne Kommando, beziehen Sie auch Alltagssituationen mit ein. Ein Beispiel: Bei einem Hund namens Scout sollten Sie nicht unbedingt das »Out« zum Wegschicken einsetzen! Rufen Sie Scout, möchten Sie dass der Hund zu Ihnen kommt oder Sie anschaut. Bei »Out«, was ganz ähnlich klingt, soll der Hund weggehen. Hier sind Missverständnisse in der Verständigung zwischen Mensch und Hund vorprogrammiert.

Es ist wichtig, dass Sie immer dasselbe Kommando benutzen und die Lernschritte nicht zu groß ansetzen. Lassen Sie Ihren Hund (vor allem den jungen Hund) immer mit Erfolg arbeiten. Zeigen Sie dem Hund auf, was er schon kann, nicht, was er nicht kann. Nicht jeder Hund ist für jede Übung gleich begabt. Achten Sie also darauf, dass Sie ihm immer die Freude an der Arbeit vermitteln.

Bei den Gleichgewichtsübungen geht es vor allem um die Entwicklung und nicht um Erfolg oder Misserfolg.

»Äh-Äh-Spiel«

Da ich eine clickerbegeisterte Hundesportlerin bin, habe ich diese Übung mit einem Clicker geübt. Inspiriert hat mich der Border Collie bei der Fernsehsendung »Wetten dass«, der 150 verschiedene Spielzeuge unterscheiden konnte.
Mein Welpe hat sehr früh gelernt, mir ein Spielzeug zu bringen. Nun möchte ich, dass er das Bärchen, den Igel, das Häschen und den Ball zu unterscheiden lernt. Zu Beginn hat der Hund nur ein Spielzeug (zum Beispiel den Ball), das er bringen kann, um dafür bestätigt zu werden. Bringt der Hund zuverlässig dieses Spielzeug zurück, wird ein zweites Spielzeug dazugelegt (zum Beispiel der Bär). Jetzt wird der Hund wieder den Ball bringen, weil er damit eben vorhin erfolgreich war. Mit einem Lächeln im Gesicht sage ich »Äh-Äh«, dies soll den Hund zum Weiterarbeiten motivieren. Dieses »Äh-Äh« soll dem Hund vermitteln, dass sein Verhalten ansatzweise gut ist,

aber noch nicht ganz richtig. Nachdem der Hund mit dem Ball nicht erfolgreich war, wird er es irgendwann mit dem anderen Spielzeug versuchen. Nun wird er gelobt und mit ihm gespielt. Diesen Spaß kann man beliebig lange wiederholen. Mit diesem Spiel lässt sich später auf dem Agility-Platz das »Nein« vermeiden. Immer wenn der Hund etwas nicht ganz richtig macht, kann ich ihm mit dem »Äh-Äh« mitteilen, dass er sich auf dem richtigen Weg befindet und dass ich seine Arbeit schätze, aber es noch nicht genau das Verhalten ist, das Erfolg und Bestätigung bringt. Vor allem bei der Arbeit mit nicht so triebstarken Hunden ist es unerlässlich, dass eine Korrektur nicht zu hart ausfällt. Viele dieser Hunde verunsichert ein »Nein«. Dem Hund wird auf diese Weise vermittelt, dass er in der Übung nicht korrigiert, sondern nur zu besserer Arbeit motiviert wird.

Die Seite halten

Das Allerwichtigste, was ein Agility-Hund beherrschen sollte, ist, nicht nur auf der Fuß-Seite (also auf der linken Seite des Hundeführers oder linksgeführt) zu gehen und zu rennen, sondern auch auf der rechten Seite (rechtsgeführt). Ich nenne die rechte Seite »Piedi«. Sie können diese Seite »Close«, »Hand« oder ähnlich benennen. So wie ich dem Hund die Fuß-Seite beigebracht habe (zum Beispiel mit Leckerchen oder Spielzeug), genauso bringe ich ihm das Kommando für die rechte Seite bei.

Der Hund soll lernen, die Seite zu halten: Sie lassen Ihren Hund absitzen, entfernen sich ein paar Schritte, halten Futter oder Spielzeug in der Hand bereit (auf der Seite, auf der Sie Ihren Hund abrufen). Sie stehen in derselben Laufrichtung wie der Hund, rufen ihn und bestätigen ihn, wenn er auf der Seite ankommt, auf der Sie ihn haben wollen. Drehen Sie den Kopf zur Seite und schauen Sie den Hund dabei an. Dadurch zeigen Sie dem Hund mit einer zusätzlichen Hilfestellung, auf welcher Seite Sie ihn erwarten.

Als nächsten Schritt gehen Sie einige Schritte gerade vom Hund weg. Wenn der Hund fast bei Ihnen ist, drehen Sie sich um 90 Grad und später immer weiter bis 180 Grad. Drehen Sie sich bitte so langsam, dass der Hund folgen kann. Drehen Sie sich zu schnell, wird der Hund hinter Ihrem Rücken die Seite wechseln.

Der Hund soll lernen, sich neben uns zu bewegen: Gehen Sie in einem nicht zu kleinen Kreis (sonst wird Ihnen schwindelig), der Hund befindet sich auf Ihrer Außenseite. Dies üben Sie auf der Fuß-Seite (links) und auf der Piedi-Seite. Der Hund soll dabei die Seite nicht wechseln. Wenn er die Seite halten kann, lassen Sie ihn die Seite wechseln. Schlagen Sie mit der Zeit Haken, dabei bewegen Sie sich im Innenkreis und lassen den Hund immer wieder die Seite auf den Außenkreis wechseln. Der Hund dreht sich bei einer Wendung in diesem Stadium in Ihre Richtung.

Abrufübungen

Bei dieser Übung soll der Hund lernen, die Seite zu halten. Der Hund sitzt auf der linken Seite und der Hundeführer entfernt sich einen oder zwei Schritte. Er hält das Spielzeug oder Leckerchen in der linken Hand und ruft den Hund zu sich. Sobald der Hund sich auf der linken Seite des Hundeführers befindet und den Kontakt sucht, wird er bestätigt. Diese Übung wird sowohl auf der Fuß- als auch der Piedi-Seite ausgeführt. Wenn der Hund diese Übung beherrscht, dreht sich der Hundeführer, sobald der Hund zu ihm aufgeschlossen hat, im 90-Grad-Winkel von ihm weg. Beachten Sie, dass Sie sich so langsam drehen, dass Sie den

Hund immer sehen, sonst wird der Hund hinter Ihrem Rücken kreuzen.

Diese Übung machen Sie links und rechts. Sobald sie klappt, wird der Hund abgerufen und Sie machen eine Kehrtwendung vom Hund weg. Der Hund folgt auf der Seite, auf der er ursprünglich abgerufen wurde. Als Abwechslung können Sie den Hund »Through«, »Mitte«, abrufen oder an Ihnen hochspringen lassen. So weiß er nie, welches Verhalten nach dem Abrufen von ihm erwartet wird.

Bein-Seite halten

Das wohl Wichtigste beim Agility ist, dass der Hund auf der Seite läuft, auf der ihn der Hundeführer auch haben will. Das heißt, dass er lernen muss, nur die Seite zu wechseln, wenn wir ihm dies anzeigen. Der Hund befindet sich zum Beispiel auf der Fuß-Seite und der Hundeführer läuft los – erst langsam, dann steigert er das Tempo (rennen) – und der Hund bleibt immer auf der linken Seite.

Es ist sehr wichtig, dass der Hundeführer den Hund anschaut und ein klares Handzeichen gibt. Halten Sie zu Beginn der Übung noch Leckerchen oder Spielzeug in der Hand, damit der Hund auf der gewünschten Seite bleibt. Die meisten Hunde mögen es, wenn man die Führhand nimmt, das heißt die Hand, die sich näher beim Hund befindet. Bei Border Collies, die – vor allem im Aufbau – zu große Kurven machen und an den Hürden vorbeirennen, empfehle ich, die Gegenhand zu nehmen und diese dabei so vor dem Bauch zu halten, als würde auf der Hand ein Serviertablett liegen. Aus diesem Grund nennt man diese Art auch »Servieren«. So zeigt der Hundeführer dem Hund die Front und der Hund »klebt«. Wenn Sie diese Führweise wählen, müssen Sie zwangsläufig schneller sein als Ihr Hund, ansonsten bremsen Sie ihn und er wird nur Ihr Tempo laufen.

Nach und nach bauen Sie Wendungen und Kehrtwendungen ein. Bei den Kehrtwendungen wird sich der Hund natürlicherweise immer in Ihre Richtung drehen, weil er ja das Spielzeug oder

***Change:** Erst lernt der Hund, vom linken zum rechten Bein zu gehen.*

Leckerchen will. Zwischendurch wird er immer wieder belohnt, damit er freudig und motiviert weiterarbeitet.

Nicht vergessen: Immer wieder die Richtungskommandos einbauen, damit der Hund sie verstehen lernt. Wenn der Hundeführer die Hände nach unten hält, soll sich der Hund zu ihm drehen. Wenn der Hundeführer den Gegenarm einsetzt (siehe vom Hundeführer wegdrehen), soll der Hund sich von ihm wegdrehen. Der Hundeführer geht über das Gelände und dreht beliebig zum oder gegen den Hund und schlägt dabei Haken. Führen Sie zu Beginn die Übungen langsamer aus und werden Sie mit der Zeit immer schneller.

»Change«-Übung

Der Hund soll lernen, hinter Ihrem Rücken von der Fuß- auf die Piedi-Seite zu wechseln. Das Kommando dafür kann »Change« sein. Dieses Kommando ist wertvoll, wenn später der Agility-Hund mit einem »Blinden« (Bewegungsabläufe innerhalb eines Agility-Parcours), also einem blinden Wechsel, abgenommen wird oder wir einen Change-Dreher machen möchten.

Dafür befindet sich der Hund auf unserer Fuß-Seite, das Leckerchen oder der Ball ist in der rechten Hand. Gehen Sie etwa 20 cm nach vorne, das ist zu Beginn einfacher. Die rechte Hand wird nun hinter den Knien durch auf die andere Seite geführt, um dem Hund zu helfen.

Jetzt wird der Hund per Spielzeug oder Leckerchen motiviert, zum anderen Bein zu gehen. Drehen Sie sich dabei etwas in die Richtung, in die der Hund gehen soll, um ihm zu helfen. So muss er nicht so weit zur anderen Seite gehen, sondern nur einen 90-Grad-Winkel laufen. Sobald der Hund die Übung begriffen hat, setzen Sie auch das Handzeichen ein. Sitzt der Hund auf der linken Seite, schwingen Sie den linken Arm leicht nach hinten und die Hand deutet hinter dem Rücken durch auf die andere Seite. Hinter dem Rücken können Sie in die Hände klatschen. Wechseln Sie das Leckerchen oder den Ball von der linken in die rechte Hand. Wenn der Hund beim rechten Bein angekommen ist, bekommt er das Leckerchen oder den Ball.

Erschweren Sie die Übung, indem Sie Ihren Hund vor sich sitzen lassen (dabei schauen Sie sich gegenseitig an) und schwingen den linken Arm nach hinten und sagen »Change«. Daraufhin wird der Hund von Ihrem linken Bein um Ihre Beine herum auf die Piedi-Seite gehen.

»Geh rum« – oder Turn-Übung

Im Gegensatz zum Change soll der Hund nicht nur hinter uns durchlaufen, sondern erst noch vor unseren Füßen durch. Eigentlich möchte ich als Hundeführer ja nicht, dass der Hund vorne reinrennt und mich bedrängt (das wäre ziemlich frech, weil er mich ausbremsen möchte). Ich möchte, dass er sich brav von mir wegschieben lässt. Früher habe

Change: *Danach wird auch die andere Seite beim Ankommen mit Futter oder Spielzeug bestätigt.*

ich diesen Kreisel um mich rum mit dem Handtarget und Change erarbeitet. Da es aber immer mehr Sequenzen und Situationen in den Parcours gibt und ich nicht immer Zeit habe, den Hund vor dem Gerät in die richtige Richtung zu biegen, um ihm so das Weiterlaufen nach dem Sprung zu vereinfachen, möchte ich, dass der Hund lernt, diese Sequenz selber abzuarbeiten. Manchmal verlangt es der Parcoursverlauf einfach, dass ich mich schon wieder absetzen muss zum nächsten Gerät, aber dem Hund durch das Kommando noch mit auf den Weg geben möchte, was er genau zu tun hat.

Der Hund steht am linken Bein und soll um mich herum (und zwar im Uhrzeigersinn) wieder ans linke Bein kommen. Ich führe ihn nun mit einem Keks, den ich in der rechten Hand halte, um mich rum und belohne ihn mit der linken Hand, sobald er wieder am linken Bein steht. Dasselbe mache ich natürlich auch auf der anderen Seite.

»Mitte«

Der Hund lernt, sich zwischen den gegrätschten Beinen hinzusetzen. Diese Übung ist fürs Agility bestimmt nicht lebenswichtig, kann jedoch hilfreich sein. Sehr oft hat ein Agility-Team ein Startritual und dieses »Sitzen zwischen den gegrätschten Beinen« kann eines sein. Bei mir heißt es »Mitte«. Der Hund weiß, dass es losgeht, sobald er »Mitte« sitzt. Ich stelle mich am Start im perfekten Winkel hin und rufe den Hund in die »Mitte«. Wenn ich hingegen den Hund Fuß nehme oder Front sitzen lasse, muss ich ihn vielleicht ein- oder zweimal ausrichten, bis er richtig steht oder sitzt.

So bauen Sie die »Mitte« auf: Lassen Sie Ihren Hund absitzen und warten Sie ab. Sie positionieren sich einen Schritt weiter vorne (in die gleiche Richtung blickend wie der Hund), grätschen die Beine und motivieren ihn mit dem Leckerchen in der Hand zu kommen. Sobald der Hund zwischen

3 Videos zum Thema Mitte

Der Hund geht aus der Fußposition einmal um den Hundeführer herum, kommt schließlich wieder in die Fußposition und wird da bestätigt. Das Ganze wird natürlich auch auf der anderen Seite geübt.

Der Hund lernt, sich zwischen Ihre Füße zu setzen oder zu legen.

Ihren Beinen ist, bekommt er das Leckerchen. Gehen Sie nun zwei Schritte vor den Hund, variieren Sie die Distanz und den Winkel, bis der Hund mit dem Kommando »Mitte« zwischen Ihre Beine kommt. Das ist, wie gesagt, eine nette, lustige Übung.

Das Handtarget, das »Tschig-Tschig-Tschig« oder »Hand« oder »Touch«

Der Hund lernt beim Befehl »Tschig-Tschig-Tschig« nur den Finger (einfacher bei kleinen Hunden) oder die ganze Hand anzuschauen und diese mit der Nase zu berühren. Keine Sorge, der Hund wird später im Parcours den Finger nicht berühren (das würde ja eventuell geahndet), da Sie ihn sogleich wieder auf ein Gerät schicken. Der Hundeführer hält das Leckerchen in der Hand, sein Zeigefinger ist ausgestreckt. Nun hält er die Hand dem Hund vor den Fang, dieser wird, angeregt durch den Geruch des Leckerchens, mit der Schnauze den Finger berühren. Die Hand geht auf, und der Hund erhält das Leckerchen.

Sobald der Hund die Übung kennt, kann das Kommando »Tschig« eingeführt werden. Im nächsten Schritt halten Sie das Leckerchen in der anderen Hand. Jetzt muss der Hund vom Leckerchen weg erst den Finger berühren und erhält dann das Leckerchen aus der anderen Hand. Solange der Hund das Kommando »Tschig-Tschig-Tschig« hört, soll er nur den Finger anschauen. Jetzt kann bei einem fortgeschrittenen Agility-Hund ein Gerät mit eingebaut werden, zum Beispiel ein Sprung. **Solange der Hund den Befehl »Tschig-Tschig-Tschig« hört, soll er die Hand des Hundeführers anschauen**. Um es dem Hund etwas einfacher zu machen, bewegen Sie Ihren Finger auf und ab, der Arm bleibt dabei nahe an Ihrem Körper. Der Hun-

deführer läuft nun um den Sprung herum und der Hund wird fürs Fingeranschauen bestätigt. Wechseln Sie bitte ab zwischen dem »Über-den Sprung-Gehen« und dem Kommando »Tschig-Tschig-Tschig«. So weiß der Hund nie, was von ihm verlangt wird, und das Kommando kann auf diese Weise geübt werden.

Im Parcours ist es später unerlässlich, dass der Hund nur den Hundeführer anschaut, sich auf den Finger oder die Hand konzentriert und erst danach das nächste Gerät freigegeben wird. Konsequenterweise muss der Hund im Training immer wieder den Finger berühren, erst danach darf er auf ein Gerät zusteuern. Ansonsten flacht das Kommando ab und der Hund kommt nicht mehr zum Hundeführer, sondern läuft direkt zum nächsten Gerät.

Wenn ich den Hund »stelle«, mache ich eine Faust. Das heißt, der Hund soll nicht meine Hand berühren, sondern nahe am Bein bleiben. Diese Übung eignet sich vor allem für Hunde, die auf Geräte fokussiert sind. Diese Hunde steuern lieber die Geräte an, als dass sie den Hundeführer beachten oder gar zu ihm hinlaufen. Das bedeutet nicht, dass die Beziehung Hund – Hundeführer schlecht ist. Hunde haben ihre eigene Persönlichkeit, auch wenn sie genau denselben Aufbau genossen haben. So ist beispielsweise mein »Small-Hund« gerätefokussiert und der »Medium-Hund« eher der, der mich anschaut. Bei meinen Border Collies ist der eine eher ein »Mammi-höck« und der andere geht schon mal schauen, ob er den Parcours selber zusammenstellen kann. Optimal wäre es, wenn der Hund seinen Fokus ausgewogen auf den Hundeführer und aufs Gerät richten würde.

Warten

Immer wieder höre ich, dass der Hund zu Hause prima warten kann, aber sobald er Agility-Geräte vor der Nase hat, wären alle guten Vorsätze vergessen und er würde unerwartet lospreschen. Natürlich kann der Hund in seiner ge- wohnten Umgebung in einer normalen Trieblage warten. Beim Agility wird eine Triebsteigerung ausgelöst, das heißt, der Hund ist viel höher im Trieb als zu Hause im Garten, wenn es um nichts geht. Diese Triebsteigerung kann sehr wohl zu Hause etwas

Der Hund soll lernen, die Hand aus jeder Situation zu berühren.
Strecken Sie Ihre Hand auch mal zwischen Ihren Beinen durch etc.

simuliert werden: bei einem verfressenen Hund mit Futter und bei einem spielfreudigen Hund mit Spielzeug. Das »Ready-Steady- Go-Spiel« haben wir bereits geübt. Jetzt machen wir es für den Hund etwas schwieriger: Wir halten den Hund fest und werfen den Ball. Der Hundeführer geht ein paar Schritte weiter nach vorne und dehnt das Wort »Reeeaaady-Steeeaaady« ordentlich aus. Dazu kann er noch wippende Bewegungen machen. Wichtig ist bei dieser Übung, dass sich eine Hilfsperson bei dem Spielzeug/Futternapf positioniert und dieses schnell wegnimmt, damit der Hund sich nicht selbst für einen Fehlstart bestätigen kann.
Was bei den meisten Hunden ein Problem darstellt, ist, dass sie in der Regel nach vorne bestätigt werden. Damit genau diese Erwartungshaltung nicht noch mehr unterstützt wird, gibt man dem Hund fürs Warten das Leckerchen ins Maul oder wirft das Spielzeug hinter ihn. Diese Übung eignet sich auch für fortgeschrittene Hunde, die nicht so geduldig warten. Ich war mit einem meiner Border Collies so weit, dass ich den ganzen Parcours ablaufen konnte, während er seine Startposition hielt. Dabei gab ich auch für den Parcours relevanten Kommandos – außer das Auslösekommando – am Start. Mit etwas Fantasie kann diese Übung beliebig ausgebaut werden.

Zonentarget

Mit dieser Übung soll der Hund lernen, zu einem Target hinzugehen und es mit der Nase anzustupsen. Ein Target ist nichts anderes als ein Plättchen, Plastikdeckelchen oder ein Stück Teppich. Ich bevorzuge ein Mauspad, dieses kann ich nach und nach abbauen, indem ich es immer wieder halbiere. Da einige Hunde sehr stark auf visuelle Hilfen reagieren, würde ich für die routinierteren »Targetstupser« ein durchsichtiges Plättchen wählen. Bei verfressenen Hunden arbeite ich gerne ohne Futter und setze lieber den Clicker ein.

Mit Futter: Futterstück dem Hund zeigen, auf das Target legen und danach mit einigem Abstand – beispielsweise mit dem »Ready-Steady-Go« – den Hund auf das Target zu schicken. Sollte der Hund beim Target verweilen und ständig daran herumschnuppern (und vor allem mehr Futter wollen), kann man Abhilfe schaffen, indem man dem Hund (nachdem er das Futter auf dem Target gegessen hat) ein Futterstück vor die Nase hält und ein Auslösewort – beispielsweise »Go« – gibt. Der Hund soll lernen, nicht nur auf das Target fixiert zu sein, sondern sich auf das Kommando »Go« wieder dem Hundeführer zuzuwenden. Nach und nach vergrößern Sie den Abstand zum Target und werfen auf das »Go« auch mal ein Spielzeug von sich weg oder lassen den Hund zu sich hinlaufen.

Ohne Futter mit dem Clicker: Ein Blick des Hundes geht in Richtung Target: Click! Das Bestätigungshäppchen wird in Richtung des Targets geworfen. Das Verhalten des Hundes wird nun soweit geformt, bis der Hund das Target mit der Schnauze berührt: Click! Der Hund kann sich auf diese Weise viele Leckerchen verdienen. Jedes Mal, wenn der Hund das Target berührt, clicken Sie. Es geht darum, dem Hund mitzuteilen, wo er sich bei der Zone positionieren soll, ohne dass Sie danebenstehen müssen. Halten Sie bitte die Click-Frequenz am Anfang sehr hoch, d.h. dass Sie oft und kurz hintereinander clicken. Auf diese Weise wird der Hund den Spaß am Targetstupsen nicht verlieren und an diesem Ort verharren wollen.

Tipp: Ich baue das Zonentarget lieber mit dem Nasenstupsen als mit dem Pfotenstupsen auf. Benutzt der Hund die Nase, bleiben die Pfoten ruhig auf den Zonen stehen. Wenn er gelernt hat, mit den Pfoten das Target zu berühren, dann spickt eventuell das Target weg und der Hund wird mit den Beinen hektisch auf den Zonen sein.

Auf die Zonen stellen

Stellen Sie den Hund so auf die Abgangszone, dass sich die Vorderpfoten auf dem Gras befinden und die Hinterpfoten auf dem Laufsteg. Füttern Sie den Hund und machen Sie ihm diese Position so angenehm wie möglich. Zuerst können Sie sich neben den Hund setzen, versuchen Sie später zu stehen und sogar einige Schritte von ihm wegzugehen. Der Hund soll in dieser Position verharren, bis Sie ihm das Auflösekommando zum Beispiel »O.K.«, »Go« oder »Gut« geben. Sie können diese Übung mit der Zeit erschweren, indem Sie hektische Bewegungen machen oder andere Wörter außer dem Auflösekommando einsetzen. Der Hund soll lernen, bedingungslos stehen zu bleiben. Diese Übungen können Sie beliebig variieren, der Fantasie sind keine Grenzen gesetzt. Gehen Sie – wie immer – nicht in zu großen Lernschritten voran.

Wenn der Hund die Zone verlässt, stellen Sie ihn einfach mit einem »Äh-Äh« wieder auf die Zone und gehen einen Lernschritt zurück. Auch kann man erst weiter entfernt, und dann immer näher, Kekse hinlegen. So muss der Hund wiederum lernen, sich zurückzunehmen und Geduld zu haben. Diese Übung können Sie auch zu Hause mit einem Kissen üben. Lassen Sie den Hund auf einem Kissen stehen, die Vorderbeine auf dem Boden und die Hinterbeine auf dem Kissen.
Mein riesiges Border-Pony-Tier habe ich gezielt im ersten Jahr auf die Aufgangszonen sensibilisiert. Wie das geht? Ganz einfach: Setzen Sie sich auf die Zone und rufen Sie den Hund zu sich. Sobald der Hund mit den Vorderbeinen die Zone zwischen der ersten und zweiten Klimmlatte berührt, spielen Sie mit ihm oder füttern ihn. Der Hund soll lernen, dass Auf- und Abgangszonen toll sind.
Dadurch, dass ich meinen Hund während dem Aufbau immer am selben Ort bestätigt und die

Winkel und Distanzen mit der Zeit verändert habe, hat er gelernt (automatisiert), seinen Galoppsprung so einzuteilen, dass er auch später bei hohem Tempo IMMER dieselbe Stelle trifft.

»Ready-Steady-Go«

Mein absolutes Lieblingsspiel, mit dem sich sehr viele Übungen anlernen lassen, ist »Ready-Steady-Go«. Es bedeutet nichts anderes als »Achtung, fertig, los«. Bei den meisten Hunden in der Schweiz ist jedoch das Wort »Fertig« negativ oder anders verknüpft (zum Beispiel als Schluss eines Spieles etc.). Aus diesem Grund liegt mir der englische Ausdruck besser. Wenn ich heute nur das »R« rolle, gehen bei meinen Hunden die Ohren hoch, der Fang schließt sich, und sie kommen in eine erwartungsvolle Vor-Spannung. Ihre Erwartungshaltung auf das darauf Folgende ist durch und durch positiv.

Das Spiel

Mit Welpen mache ich dieses Spiel am liebsten mit dem Futternapf, da sich die meisten jungen Hunde aufs Futter stürzen. Das Futter wird hingestellt, der Welpe wird einen Meter davon entfernt in Richtung Futternapf platziert und an der Brust oder am Geschirr festgehalten. Mit einem »Ready-Steady-Go« wird der Hund losgelassen, er soll sich auf das Futter stürzen. Mit der Zeit werden das »Ready« und das »Steady« ausgedehnt gesprochen und mit einem motivierenden »Go« wird der Hund losgeschickt. So kann man die Spannung noch etwas ausdehnen. Auch wird die Distanz zum Fressnapf immer größer gewählt.

Dieses »Ready« vermittelt nun dem Hund, dass etwas Tolles folgt. Wenn der Hund dies verknüpft hat, wird dieses Spiel auf das Spielzeug umgepolt. Bitte beachten Sie, dass die Distanzen zu Beginn nicht zu groß gewählt werden, damit der Hund keinen Fehler machen kann. Das Spielzeug wird dem Hund gezeigt und vor ihm hingelegt. Der Hund wird ca. zwei Meter vom Spielzeug weg platziert und der Hundeführer löst den Start durch das »Ready-Steady-Go«-Kommando aus.

Jetzt rennt der Hundeführer mit dem Hund zum Spielzeug. Wenn der Hund vor dem Hundeführer ankommt, wird gespielt. Sollte der Hundeführer vor dem Hund ankommen, ist es die Beute des Hundeführers. Dieser spielt nun mit dem Ball alleine und schaut den Hund nicht an. Danach gibt der Hundeführer dem Hund nochmals die Chance, sich das Spielzeug zu verdienen. Dies ist ganz wichtig: Hunde sind ja nicht blöd! Wenn vor allem etwas weniger motivierte Hunde merken, dass sie sich nicht bemühen müssen und der Hundeführer zum Spielzeug rast, dieses aufnimmt und dann mit ihnen spielt, werden sie sich denken: Warum anstrengen, wenn der Meister das selber übernimmt?

Das Spiel wird erst beendet, wenn der Hund gewinnt. Sollte der Hund partout nicht gewinnen wollen, agiere ich folgendermaßen: Ich tue so, als würde ich zum Spielzeug hinrennen, mache aber dabei nur kleine Schritte und komme in der Tat nicht vorwärts. Sollte der Hund sich wider Erwarten nicht für das Spielzeug interessieren, nehme ich eine kleine Dose, lege Futter darauf und fange wieder von vorne an. Mit Welpen kann man auch auf allen Vieren krabbeln, weil diese sonst eventuell zu beeindruckt vom großen, rennenden Hundeführer sind.

Achtung!

Wenn der Hundeführer gewinnt, wird das Futter samt der Dose aufgenommen, ansonsten wird sich

Der Hund lernt auf ein Spielzeug zuzulaufen ...

Ihr Hund mit dem Beschnüffeln dieser Dose beschäftigen.

Sobald die Distanz größer wird, kann ich das Wort »Go« durch ein »Vor« ersetzen. (»Vor« bedeutet nicht, dass der Hund vor mir sein soll, sondern es handelt sich dabei um das Richtungskommando »geradeaus«.) Nun kann ich auch auf der Strecke zwischen Hund und Spielzeug Sprungausleger hinstellen und den Hund durch diese Ausleger durchlaufen lassen. Zu Beginn stelle ich die Ausleger so breit, dass ich mit dem Hund zwischendurch laufen kann und gehe dann dazu über, dass der Hund auf der inneren Seite der Ausleger durchläuft und ich auf der äußeren. Dieses Spiel wird in den folgenden Kapiteln noch variiert.

»Geh raus« – Arbeitsdistanz vergrößern

Der Hund arbeitet in einer bestimmten Arbeitsdistanz kreisförmig zum Hundeführer. Diese Distanz ist je nach Trieblage und Art des Hundes größer oder kleiner. Hunde mit sehr großer Arbeitsdistanz müssen lernen, in der Nähe des Hundeführers zu arbeiten, und Hunde mit kleiner Arbeitsdistanz, diese zu vergrößern. Mit dem »Voran« beispielsweise lernt der Hund, diese Distanz nach vorne zu vergrößern. Beim »Geh raus« wird sie auch seitlich vergrößert. Ich sage meinem Hund mit diesem Befehl: »Geh raus und mach das alleine.« Vor allem wenig motivierte Hunde fühlen sich zu Beginn auf der größeren Arbeitsdistanz nicht wohl.

Mit der nötigen Routine kann Abhilfe verschafft werden. Es gibt viele Dinge, um die Sie Ihren Hund schicken können – beispielsweise eine Hecke, eine Parkbank, ein Fußballtor, einen Zaun, eine Baum- oder Buschgruppe oder das Clubhaus. Fangen Sie bitte klein an, zum Beispiel mit einem dünnen Baum. Der Hund steht auf der linken Seite, strecken Sie ihm mit dem rechten Arm auf der anderen Seite des Baumes ein Leckerchen entgegen. So lernt er bald, was die Übung soll. Sie können ihn nach und nach von immer größerer Distanz um diesen Baum schicken. Dabei lernt er, dass –

... und motiviert zum Rennen gegen den Hundeführer anzutreten.

Video »Geh raus«

während er ein Gerät absolviert – Sie sich bewegen. Bereits jetzt können Sie einen »Belgier« einleiten (der »Belgier« ist ein Frontwechsel). Das heißt, wir drehen uns vor dem Hund so, dass er einen Seitenwechsel machen kann. Während der Hund nun um den Baum rennt, dreht der Hundeführer sich um 180 Grad und empfängt den Hund auf der anderen Seite. Wichtig dabei ist, dass der Hundeführer den Hund immer sieht und sich nur so schnell dreht, dass er auch folgen kann. Dazu später mehr im Kapitel »Die Ausbildung des Junghundes mit Geräten«.

Vom Hundeführer wegdrehen

Mit diesen Übungen lässt sich sehr gut das Links- und Rechtskommando erlernen. Vor allem lernt der Hund, sich vom Hundeführer wegzudrehen. **Über die Hand wegschicken:** Wenn wir uns mit dem Hund hin und her bewegen, der Hund die eine Strecke am linken Bein geht und wir eine 180-Grad-Drehung machen und den Hund an das rechte Bein nehmen, wird sich der Hund immer mit dem Kopf zu uns drehen. Er ist es gewohnt, uns immer anzusehen (er könnte ja ein Leckerchen oder den Ball verpassen). Nun wollen wir ihm beibringen, dass er sich von uns wegdreht. Das geht so: Der Hund sitzt am linken Bein des Hundeführers (also in der Grundstellung), der Hundeführer hält ein Leckerchen oder ein Spielzeug in der rechten Hand. Halten Sie es dem Hund vor die Nase und führen Sie seinen Kopf von sich weg. Wenn der Hund sich ganz gedreht hat, haben auch Sie sich um 180 Grad gedreht und zwar in Richtung des Hundes. Der Hund erhält nun seine Belohnung. Jetzt sollte der Hund an Ihrem rechten Bein stehen. Wenn er Mühe hat, sich zu drehen, sind Sie entweder mit der Belohnung zu schnell oder zu hoch. Es kann jedoch auch sein, dass der Hund sich auf einer Seite schlecht biegen lässt. Dies ist meistens Frage der muskulären Dehnfähigkeit, denn auch bei den Hunden gibt es Links- und Rechtshänder.

Um dem Hund zu helfen, halten Sie ihm (wenn er am linken Bein steht) mit der rechten Hand das Leckerchen vor die Schnauze; Ihre linke Hand legen Sie an seine linke Flanke. Wenn der Hund sich in der Drehung nun sperrt, helfen Sie ihm und unterstützen die Bewegung mit der linken Hand, indem Sie das Hinterteil des Hundes in die richtige Richtung bewegen. Mit der Zeit müssen Sie ihm natürlich nicht mehr das Leckerchen vor die Nase halten, sondern der Hund sollte schon auf die Körper- und Armbewegung in die richtige Richtung drehen. Sie können nun das Links- und Rechtskommando einführen. Sollten Sie nicht mit diesen Kommandos arbeiten wollen, reicht es auch, die Bewegung des Hundes auf Sie zu mit dem Kommando »Komm« oder dem Namen des Hundes einzuleiten. Die Bewegung von Ihnen weg, können Sie mit dem Kommando »Weg« oder »Back« unterstützen. Ich nutze für diese Übung bewusst die »Gegenhand«, also die dem Hund entgegen-

Sollte der Hund Schwierigkeiten haben, sich von Ihnen wegzudrehen, halten Sie ihm das Leckerchen vor die Nase. Mit der Hand näher beim Hund halten Sie ihn leicht an der Flanke und helfen ihm so, zu verstehen, was Sie von ihm wollen.

gesetzte Hand, weil sich mit der Handbewegung automatisch die Füße drehen und diese sind ja das Maß aller Dinge.

»Voran«

Das »Voran« übe ich mit dem Target oder Spielzeug und dem »Ready-Steady-Go-Spiel«. Dazu verschiebe ich das Target oder das Spielzeug immer weiter nach vorne. Zieht der Hund nach vorne, gebe ich ihm das Kommando »Vor« oder »Go«. Ist der junge Hund bei dieser Übung sicher, bringe ich nach und nach die Sprungflügel ins Spiel. Erst so breit, dass ich und mein Hund dazwischen durchgehen können. Danach werden die Sprungflügel enger gestellt und die Distanz zwischen Hund und Hundeführer wird vergrößert. So kennt der Hund das Kommando »Vor« bereits, bevor er auf Sprünge geschickt wird. »Voran« bedeutet nicht, dass der Hund vor dem Hundeführer arbeitet, sondern ist nichts anderes als ein Richtungskommando, welches »Autobahn« oder »Hochgeschwindigkeitsstraße« bedeutet.

2/2 auf einem Kissen

Wenn Runnings aufgebaut werden, wird die Position auf der Wippe gebraucht. (Bei Small-Hunden unter ca. 8 Kilo wird das nicht gemacht, dazu später mehr.)

Der Hund sollte die Hinterpfoten auf dem Kissen haben und die Vorderpfoten auf dem Boden. Dies kann man mit dem Clicker oder durch Shapen erreichen. Oder aber den Hund mit einem Keks dahin führen. Ich habe es mit dem Handtarget geübt und den Hund in die gewünschte Position geführt, indem er mit der Nase meine Hand berühren sollte. Später musste der Hund die Position immer mehr alleine finden. Sobald er die Aufgabe gut bewältigen kann, mache ich ein Spiel daraus. bei dem er möglichst schnell in die gewünschte Position kommen soll. Man kann außerdem ein-

Vom Hundeführer wegdrehen: *Der Hund sollte lernen, sich in beide Richtungen von mir wegzudrehen. Mit der Zeit kann man die Hilfestellung mit den Handzeichen weglassen und nur die verbalen Kommandos abfragen.*

Video Impulskontrolle

bauen, dass er rückwärts in die Position gehen muss. Das ist immer eine gute Variante, denn durch Rückwärtsgehen wird die Koordination gefördert.

Impulskontrolle

Junge Hunde sollen früh lernen, dass sie sich auch bisweilen still verhalten müssen. Dazu gibt es verschiedene Übungen. Ich lasse den Hund absitzen und lege einen Keks in einem geringen Abstand vor ihn hin. Sollte er Anstalten machen, ihn zu nehmen, stoppe ich ihn sanft. Mit dem späteren Auslösesignal am Start, darf sich der Hund den Keks holen. Wenn der Hund das kann, lege ich mehrere Kekse um ihn herum aus. Er bekommt nun ab und zu einen der ausgelegten Kekse, manchmal darf er sie sich auch holen. Ich steigere das immer weiter, bis die Kekse auf den Pfoten des Hundes liegen. Er soll die Geduld aufbringen, diese erst zu essen, wenn er durch das Kommando ausgelöst wird (d.h. zum Beispiel, dass er aus der Warteposition aufstehen darf etc). Einen jungen Hund lassen Sie natürlich nicht lange warten und der Keks liegt auch nicht ganz so dicht vor ihm. Das Spiel soll Spaß machen und keine nervige Übung sein.

Der Hund sollte außerdem lernen, ein Spielzeug nur zu nehmen, wenn er dazu ermuntert wird. Für Hunde, die einen enormen Fokus auf ein Spielzeug haben, sind folgende Übungen sinnvoll:
Man lässt den Hund absitzen und wirft das Spielzeug nach vorne. Nun warten Sie einfach, bis der Hund Sie ansieht, dann schicken Sie ihn zum Spielzeug. Im zweiten Schritt sollte der Hund auch das Handtarget abwarten, bevor er sich zum Spielzeug bewegt. Am Anfang stehen oder knien Sie bitte direkt neben dem Hund, so dass er Ihre Hand auch einfach treffen kann. Stellen Sie sich nun »im Dreieck« immer weiter weg (d.h. dass Sie, der Hund und das Spielzeug ein Dreieck bilden). Der Hund sollte nun erst zu Ihnen gehen und Ihre Hand berühren, bevor er zum Spielzeug prescht.
Sie können jetzt das Spielzeug auf unterschiedliche Art einsetzen: Beispielsweise bekommt der der Hund eine Aufgabe (z.B. um einen Baum laufen) und darf danach erst zum Spielzeug gehen. Variieren Sie die Übungen: Einmal wird der Hund bei Ihnen mit dem Spielzeug bestätigt, ein anderes Mal liegt das Spielzeug irgendwo. Der Vierbeiner sollte wirklich lernen, sich auf die Aufgabe zu konzentrieren, um danach das Spielzeug als Belohnung zu erhalten. Ich habe genügend Hunde erlebt, die nur dem Hundeführer am Arm hingen, weil da das Spielzeug war. Oder sie haben »eigenmächtig« Dinge erledigt, da sie ja immer irgendwie bestätigt wurden (zum Beispiel vom Trainer). Der Hund lernt mit dieser Übung spielerisch: Erst wird etwas erledigt, danach wird man ausgiebig belohnt.

Balance-Übungen

Ich möchte vorab anmerken, dass für Balance-Übungen das Tragen eines Führgeschirrs sehr hilfreich ist. So kann ich dem Hund helfen und ihn im Notfall vor einem Sturz bewahren, sollte er die Balance nicht halten können. Haben Sie nur Leine und Halsband, unterstützen Sie den Hund mit der Hand. Sorgen Sie dafür, dass Sie einen Unfall verhüten können. Für einige Hunde ist es nicht einfach, die Balance zu halten. Diese ist für den Sport aber extrem wichtig. Viele Hunde, die die Bewegung der Wippe nicht mögen, haben auch Stress beim Autofahren, weil sie ein Problem haben, ihren Körper auszubalancieren. Der Hund soll von klein auf sein Gleichgewicht trainieren. Dazu gibt es in Welpenschulen schon einige tolle Geräte, wie Wackelbrett (ein Brett mit Sprungfedern unten) oder ein rundes Brett, welches in der Mitte mit einer Kugel erhöht ist und auf alle Seiten kippen kann. Solche Geräte sind leicht nachzubauen. Die Hunde sind unheimlich stolz, wenn sie einmal herausgefunden haben, wie sie das Gerät beherrschen und sich ausbalancieren können. Sie können den auch Hund über schmale Baumstämme gehen lassen. Aber aufpassen: Rutschgefahr! Versuchen Sie mal eine Wendung. Schon da kann der eine oder andere wirklich Mühe haben. Wenn er zudem »Sitz« und »Platz« machen muss, erfordert dies zusätzlich Konzentration. Der Hund lernt dabei, sich auf schmalen Stegen zu bewegen, was später für den Laufsteg wichtig ist.

Viele Hunde mögen es nicht, wenn sich der Untergrund bewegt. Um ihnen das Unbehagen zu nehmen gibt es einige Geräte und Übungen. Das Schaukelbrett ist das Gerät, das mir am besten gefällt. Es ist eine Transport-Palette, die zum Beispiel oben mit Teppich belegt ist. Alle vier Ecken sind mit Seilen versehen und diese werden an einen Baum geknotet. Das Ganze gleicht einer Kinderschaukel – ist nur breiter. Es braucht gar nicht besonders hoch zu sein.
Lassen Sie den Hund anfangs auf einem normalen, stabilen Brett stehen und drücken Sie auf einer Seite ganz sachte gegen ihn. Jetzt muss er lernen, dem Druck standzuhalten und zu kontern. Dies können Sie mit einem kleinen Hund zum Beispiel auch auf einem Stuhl üben. Den Stuhl heben Sie dabei auf einer Seite an, so dass der Hund lernt, sich auch auf wackeligen und schrägen Böden zu stabilisieren. Wenn der Hund seinen Körper ausbalancieren kann, gehen Sie mit ihm auf das Schaukelbrett.
Versuchen Sie erst, das Brett ruhig zu halten, damit der Hund keinen Stress hat. Auch hier gehen Sie in kleinen Schritten vorwärts, um den Hund nicht zu überfordern. Wenn er sich sichtlich wohlfühlt und keine Beschwichtigungsmerkmale (wie Züngeln, Gähnen etc.) zeigt, können Sie das Schaukelbrett leicht bewegen. Bestätigen Sie den Hund immer wieder zwischendurch, allerdings nur dann, wenn er weder Angst, noch Unsicherheit zeigt. Der Hund soll sich so wohl wie möglich fühlen. Denken Sie daran, zu lächeln und verlieren Sie den Spaß an solchen Übungen nicht.

Wackelbretter bedeuten Training für den Ernstfall, haben aber mit Agility selbst noch nichts zu tun. Es heißt nicht, dass ein Hund, der sich zu Beginn auf diesen Geräten sehr unsicher zeigt, später ein unsicherer Agility-Hund sein wird. Alles ist reine Übungssache. Eine gesunde Vorsicht unbekannten Dingen gegenüber war und ist schließlich für Wölfe (und Hunde) überlebenswichtig.
Wackelbretter sprechen die Feinmuskulatur an. Eine ausgebildete Physiotherapeutin kann Ihnen sicherlich genauestens erklären, auf was es dabei besonders ankommt.
Wählen Sie ein schmales Holzbrett und legen Sie in der Mitte beispielsweise einen kleinen halben Holzstamm oder einen flachen Stein darunter. Schon haben Sie eine kleine Wippe. Platzieren Sie den Hund vor diesem Brett und führen Sie ihn darauf. Wenn nötig halten Sie ihm ein Leckerchen vor die Schnauze und motivieren ihn so, über das Brett zu gehen. Gehen Sie nicht zu schnell vorwärts, es ist wichtig, dass der Hund alle seine Pfoten auf dem Brett behält. Ist der Hund anfangs unsicher, bestätigen Sie bitte sehr häufig seinen Tatendrang und seinen Mut. Sobald der Hund die Mitte des Bretts überschritten hat, kippt es leicht.

Left/Right: *Nun können Sie beginnen zu stehen und das Target wegzulassen. Während Sie stehen, schicken Sie den Hund um die Stange. Einfacher ist es, wenn er an Ihrem linken Bein steht. Mit der linken Hand führen Sie ihn rechts um die Stange, mit der rechten links.*

Der Hund soll nun lernen, sich auf diesem schwankenden Objekt auszubalancieren. Wenn der Hund diese Übung beherrscht, können Sie auf dem »Kipppunkt« ein »Sitz« oder »Platz« einführen. Dies fordert vom Hund noch mehr Balance, als einfach übers Brett zu gehen. Sollte der Hund zögern oder Unsicherheit zeigen, weil sich das Brett bewegt, versuchen Sie das Brett in ein Spiel zu integrieren. Manchmal ist es auch okay, einfach nur darüber zu hüpfen und es mit einer Pfote zu berühren. Es ist in diesem Stadium egal, wenn er nicht alle Pfoten auf dem Brett behält. Wichtig ist, dass er die Unsicherheit gegenüber diesem Brett verliert.

***ft/Right:** Anfangs soll der Hund mittels Shapen ler Bodentarget lernen, dass er links oder rechts n der Stange wickeln soll. Dazu legen Sie das rget leicht schräg hinter die Stange und der undsoll es berühren: Sie clicken und später wern Sie den Keks in die Richtung, in die der Hund eitergehen soll. Wenn der Hund beginnt, gleich ich Aufnehmen des Kekses in die entgegenesetzte Richtung loszugehen, clicken Sie dies och mehrere Male. Sobald er zuverlässig weiter m Target läuft, können Sie auch mal einen Click uslassen. Der Hund soll eineinhalb Drehungen achen, bevor er geclickt wird.*

Machen Sie mit Welpen und Junghunden immer wieder eine Pause und bestätigen Sie sie oft. Sie werden es Ihnen mit Eifer und großer Aufmerksamkeit danken.

Left/Right

Damit der Hund eng zu wenden lernt, soll er schon von Anfang an erfahren, was das Kommando bedeutet. Für normale Kurven benutze ich Links- und Rechts-Kommandos. Für ganz enge Wendungen (also nur gerade um den Ausleger herum) sind es die Kommandos Left und Right.

Ich beginne anfangs nur mit einer Seite. Dazu nehme ich eine große Pylone, damit der Hund gleich lernt, dass er mit der Schulter sehr nahe an das Objekt herangehen soll. Es eigenen sich auch einfache Steckstangen, z. B. Weidepfosten oder Ähnliches. Man kann das Ganze natürlich shapen oder aber auch die Hilfe eines Bodentargets dazunehmen. Dieses legt man nicht genau hinter die Stange sondern ein wenig versetzt auf die Seite, auf die der Hund laufen soll. Soll er rechtsherum gehen, liegt das Target etwa zwischen 12 und 1 Uhr, linksherum zwischen 1 und 2 Uhr. Der Keks wird dann immer wieder beim Start (also ca. 6 Uhr gefüttert). Mit der Zeit liegt der Keks bei 7 Uhr und eventuell läuft der Hund gleich wieder zum Target. So ergibt dies eine ganze Runde. Wenn der Kleine das gut kann, kann man ihn eine oder zwei Runden hintereinander machen lassen. Wenn der Hund Mühe hat, links und rechts zu unterscheiden, kann man ihm helfen, indem man zum Beispiel für das Links eine Pylone und für Rechts eine Stange wählt.

Left und Right kann man auch auf Kissen und Donuts üben, so wird zusätzlich die Balance weiter geschult. Aber eins nach dem anderen: Erst soll der Hund das eine lernen, dann das andere. Gehen Sie bitte nicht zu schnell vor und überfordern Sie ihn nicht.

Hundeführertraining

Viele Hunde sind sehr gut ausgebildet, oft mangelt es aber den Hundeführern an Wissen und Erfahrung. **Hier einige Tipps für den Hundeführer:** Am besten läuft es sich, wenn man auf den Fußballen bleibt und nicht mit den Fersen aufkommt. Man ist deutlich schneller, reaktionsfähiger und kann das Gleichgewicht sehr viel besser halten (vor allem beim Rückwärtsgehen). Versuchen Sie auf den Spaziergängen, zwei Schritte vorwärts zu rennen, danach drei Schritte rückwärts und dann wieder vorwärts! Dies schult Ihre Behändigkeit. Agility bedeutet genau das: flink sein. Daran fehlt es heutzutage vielen.

Die meisten Übungen lassen sich mit einem Target ausführen. Wählen Sie als Target einen Deckel oder ein Stück Teppich und werfen Sie den Gegenstand in eine Richtung. Schauen Sie, wo das Target liegt und versuchen Sie, sich diese Distanz zu merken. Nun laufen Sie mit geschlossenen Augen vor-

wärts zu diesem Target hin. So üben Sie, sich im Raum zurechtzufinden und Distanzen zu fühlen. Genau dasselbe machen Sie seitwärts und rückwärts. Immer mit geschlossenen Augen. Jetzt variieren Sie diese drei Richtungen. Sie sollten immer beim Target ankommen. Wenn Sie von Vorwärts auf Rückwärts wechseln, behalten Sie die Richtung bei. Das heißt: Sie machen dabei eine 180-Grad-Drehung.

***Left/Right:** Jetzt beginnen Sie damit, sich immer früher zu bewegen, wenn der Hund die Aufgabe absolviert. Er soll es aushalten, zur Stange loszulaufen, während Sie in die entgegengesetzte Richtung weglaufen.*

***Left/Right:** Es ist soweit: Sie dürfen auch die schwierige Seite abrufen (d.h. diejenige, die von Ihnen wegdreht). Beginnen Sie damit, sich während der Ausführung immer weiter wegzubewegen.*

Erhöhen Sie den Schwierigkeitsgrad: Werfen Sie das Target und schauen Sie, wo es liegt. Schließen Sie die Augen und bewegen Sie sich mit einer halben Drehung nach links. Dann machen Sie eine ganze Drehung nach rechts und noch eine halbe wieder nach links, bis Sie wieder in der Richtung stehen, in die Sie gehen müssen. Jetzt kontrollieren Sie, ob die Richtung stimmt. Wenn das gut klappt, machen Sie es sich noch schwerer: Drehen Sie sich, aber ohne zwischendurch die Augen zu öffnen. Oder üben Sie mit Weitsprungstangen. Legen Sie zwei Weitsprungstangen fünf bis sieben Meter voneinander weg hin sowie ein Teppichstück in einem beliebigen Winkel dazu im gleichen Abstand.

Übung 1: Der Hundeführer läuft vorwärts von Stange eins zu Stange zwei, dort macht er einen »Frontwechsel« und geht zum Teppich, dabei schaut er nur die Stange eins an. Der Hundeführer soll ein Gefühl für den Winkel bekommen, weil er später im Parcours nur den Hund anschaut und keine Zeit hat, sich umzuschauen, um sich zu vergewissern, wo sich die Geräte befinden.

Übung 2: Der Hundeführer rennt von Stange eins zu Stange zwei. An der Stange angelangt, dreht er sich so, dass er rückwärts zum Teppichstück laufen muss. Auch hier muss er wieder blind den Winkel und die Distanz einschätzen.

Es gibt noch viele solcher Übungen, Kreativität ist an dieser Stelle gefragt.

Die Ausbildung des Junghundes mit Geräten

IV. Die Ausbildung des Junghundes mit Geräten

Bei der Ausbildung des Junghundes ist es am einfachsten, wenn Sie mit einer Hilfsperson üben können. Natürlich können Sie auch alleine arbeiten. Wenn Sie alleine arbeiten lohnt es sich, dem Hund beizubringen, dass er das ausgelegte Spielzeug erst dann aufnehmen darf, wenn er beispielsweise das Kommando »Nimm's« erhält. So können Sie auch das Spielzeug beliebig auslegen. Üben Sie dieses schon neben den Geräten. Auch der Futterautomat eignet sich, da er ein akustisches Signal aussendet, wenn er Kekse ausspuckt.
Generell gilt: Wenn Sie Übungen machen, bei denen der Hund den Fokus auf den Geräten oder nach vorne haben soll, arbeiten Sie mit ausgelegtem Spielzeug oder Futterautomaten (oder natürlich der Hilfsperson). Wenn der Hund den Fokus bei Ihnen als Hundeführer haben sollte (enge Wendungen etc.) bestätigen Sie den Hund immer bei sich (mit Futter oder Spielzeug). Werfen Sie auf keinen Fall das Spielzeug von Ihnen weg, wenn der Hund zu Ihnen kommen soll.

Ich trainiere gerne die Sprünge gleich mit den »richtigen« Stangen und lege diese zu Beginn auf dem Boden aus. Damit der Hund sich aber nicht angewöhnt, einfach darauf zu treten bzw. zu stehen, lege ich diese relativ früh auf der einen Seite wenigstens 10 Zentimeter hoch in die Auflage. Der Hund muss noch keinen Sprung machen, aber wenn er die Stange touchiert, merkt er es bewusster.
Da es sich auf den Fotos um erwachsene und ausgebildete Hunde handelt, liegen die Stangen auf Wettkampfhöhe. Es versteht sich von selbst, dass für junge Hunde – je nach Alter – die Stangen ganz weggelassen, auf den Boden gelegt oder nur in geringer Höhe eingelegt werden!

»Voran«

Damit der Hund das »Voran« mit den Auslegern üben kann, stellen Sie sie zu Beginn so zueinander auf, dass sowohl Sie als auch Ihr Hund dazwischen durchrennen können. Nun lassen Sie den Hund mit dem »Ready-Steady-Go-Spiel« durch die Ausleger zum Spielzeug oder Target sausen. Stellen Sie jetzt immer einen Sprung dazu, bis mehrere Hürden absolviert werden können, ohne dass der Hund auf das Voran-Kommando Ihren Blick sucht; Er soll sich nur auf »Geradeaus« konzentrieren. Wenn Sie diese Übung mehrmals gemacht haben, stellen Sie die Ausleger näher zusammen, so dass Sie außen an den Auslegern rennen und der Hund in der Mitte durchgeht. Wenn der Hund Mühe damit hat, dass der Hundeführer sich in einer größeren Distanz befindet, gehen Sie ein paar Schritte zurück und beginnen die gleiche Übung nochmals mit nur zwei Sprüngen. Jetzt soll der Hund verschiedene Sprungkombinationen als Gerade erkennen (siehe Skizze nächste Seite). Die

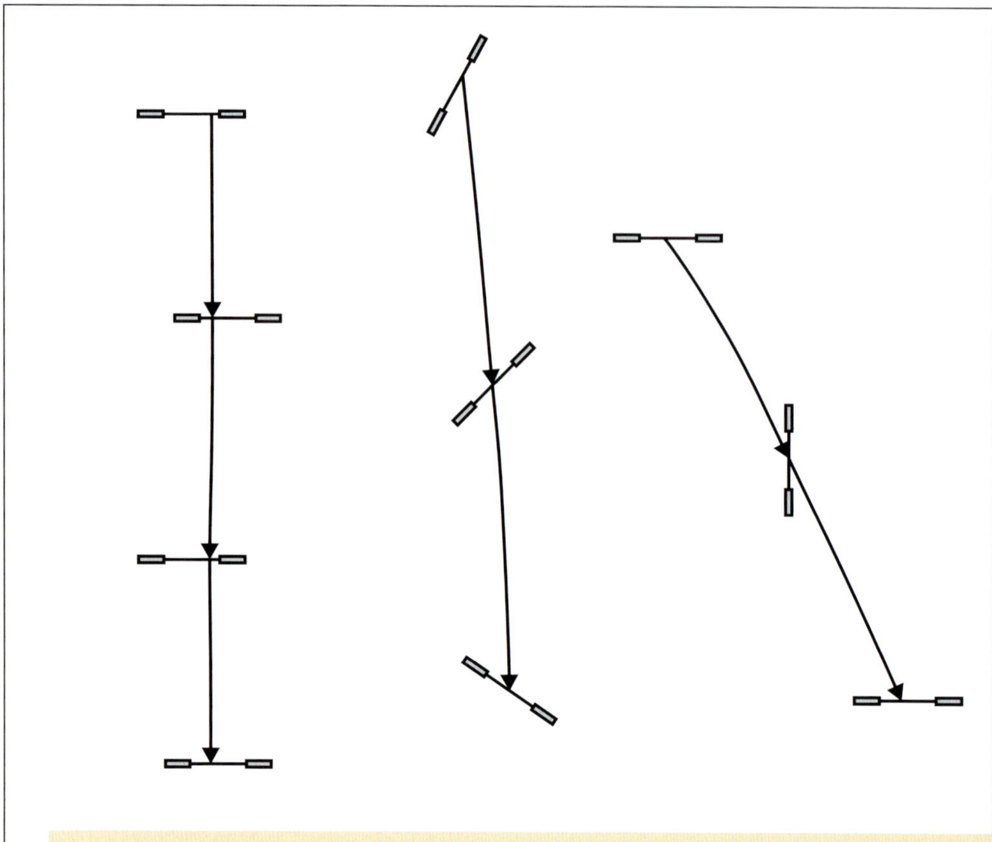

Der Hund sollte möglichst früh lernen, gerade Linien zu erkennen. Als Hilfestellung kann der Trainer vorne mit dem Spielzeug stehen oder der Futterautomat wird nach vorne gestellt.

Sprünge stehen immer erst in einer Linie und werden danach verschoben, bis sie den endgültigen Aufbau darstellen.

»Geh raus«

Stellen Sie zwei Sprungausleger oder einfach zwei Gegenstände in ca. 5 Metern Abstand nebeneinander. Stellen Sie sich nun mittig zwischen die beiden Gegenstände. Sie führen den Hund beispielsweise an Ihrem rechten Bein. Nun schicken Sie ihn mit der rechten Hand außen an den Auslegern vorbei. Benutzen Sie dabei das Kommando »Raus«, das Sie ja bereits geübt haben.

Versuchen Sie mit Ihrer eigenen Bewegung Dynamik hineinzubringen, also kleine Schritte machen und nicht einfach stehen bleiben (es sei denn, der Hund bringt so viel Eigenmotivation mit, dass dies nicht notwendig ist). Schicken Sie nun den Hund in einer Kreisbewegung um sich herum und gleichzeitig um die Ausleger.

Wenn Sie mit dem Clicker arbeiten, dann clicken Sie in dem Moment, in dem der Hund außen am Ausleger vorbeiläuft. Bestätigen Sie ihn, wenn er wieder bei Ihnen ankommt. Wenn der Hund das sicher absolviert, schicken Sie ihn nach einigen Versuchen gleich weiter zum nächsten Sprungausleger und bestätigen Sie ihn erneut bei sich oder werfen das Spielzeug in die Laufrichtung. Danach führen Sie die gleiche Übung seitenverkehrt aus.

Frontwechsel oder »Belgier«

Wie bereits beschrieben, schicken Sie erst den Hund vom linken Bein mit der linken Hand mit einem »Geh raus«-Kommando von sich weg, in der rechten Hand halten Sie das Spielzeug. Wenn der Hund den ersten Ausleger umgangen hat, drehen Sie sich nicht mit ihm, sondern entgegengesetzt. Wechseln Sie dabei das Spielzeug von der linken in die rechte Hand und rufen den Hund zu sich. Zeigen Sie ihm die rechte Hand, damit er versteht, an welchem Bein er aufschließen soll. Drehen Sie sich nur so schnell, dass Sie den Hund in der Drehung immer sehen. Wenn Sie sich zu schnell drehen, wird der Hund nur Ihren Rücken sehen und selbst entscheiden müssen, an welches Bein er aufschließt. Sobald der Hund Sie erreicht hat, spielen Sie mit ihm Tauziehen.
Machen Sie die gleiche Übung nochmal, bis der Hund verstanden hat, was er tun soll. Lassen Sie ihn nun nicht bei sich spielen, sondern werfen Sie das Spielzeug in Richtung des zweiten Auslegers, damit der Hund lernt, an Ihnen vorbeizulaufen. Wiederholen Sie auch diese Übung mehrmals. Danach lassen Sie den Hund mit der rechten Hand und dem Kommando »Out« auch um den anderen Ausleger rennen. So entsteht die Figur Acht. Lassen Sie den Hund nun abwechselnd die Übungen »Tauziehen beim Hundeführer« und »Werfen des Spielzeuges« ausführen. Somit wird der Hund sowohl motiviert auf Sie zukommen als auch motiviert von Ihnen weggehen. Bitte beachten Sie, dass Sie die Frontwechsel immer in einer Bewegung in Richtung des nächsten Geräts machen. (Siehe Fotoserie auf der nächsten Doppelseite).

»Blinder Wechsel«

Als Vorübung für den »Blinden« machen Sie Folgendes: Der Hund befindet sich im Sitz oder Platz und wartet. Sie bewegen sich vom Hund weg. Stellen Sie sich nun auf die gleiche Linie, auf der er sich befindet. Erst halten Sie den linken Arm nach hinten (ganz wichtig, sonst ist es für den Hund nicht ersichtlich, an welche Seite er aufschließen soll) und drehen den Kopf nach links. Jetzt wechseln Sie blitzschnell die Seite, das heißt, der linke Arm bewegt sich nach vorne und der rechte Arm geht nach hinten, gleichzeitig drehen Sie Ihren Kopf nach rechts und rufen den Hund ab. Lassen Sie den Hund nun entweder rechts an Ihnen vorbeilaufen oder spielen Sie Tauziehen, wenn er bei Ihnen ankommt.

Jetzt steigern Sie die Schwierigkeit der Übung, indem Sie ca. 3 Meter nach vorne gehen und den linken Arm nach hinten halten. Kurz bevor Sie die Seite wechseln, rufen Sie den Hund ab. Sie müssen nun wirklich blitzschnell Ihre Bewegung ausführen, damit der Hund die richtige Seite erwischt.
Prinzipiell ist das mit den Auslegern die gleiche Übung wie beim Frontwechsel, nur bewegt sich der Hundeführer nun im Uhrzeigersinn.
Bei dieser Übung ist es wichtig, dass Sie sich, sobald der Hund den ersten Ausleger umläuft, vom Hund wegdrehen. Drehen Sie den Kopf auf die rechte Seite und halten Sie den rechten Arm nach hinten. Gehen Sie in genau den gleichen Schritten

***»Frontwechsel oder Belgier«:** Erst soll der Hund nur einen Ausleger abarbeiten. Mit erfolgreichem Lö der Aufgabe wird er auch gleich um den zweiten Ausleger geschickt.*

vor wie beim Frontwechsel. Das ist eigentlich nur für den Hundeführer eine Herausforderung, der Hund hat sie bereits beim Frontwechsel begriffen. (Siehe Fotoserie auf der nächsten Doppelseite).

90-Grad-Kurven

Der Hund läuft, wie bereits geübt, im Kreis um den Hundeführer herum, allerdings befinden sich jetzt Ausleger zwischen Hund und Mensch. So können Sie auch den Arbeitskreis Ihres Hundes erkennen. Wenn der Hund auf der Hundeführerseite am Ausleger vorbeirennt, dann ist der Hundeführer zu weit weg. Rennt der Hund auf der Außenseite am Ausleger vorbei, ist der Hundeführer zu nah an den Sprüngen dran. In der Regel laufen triebige, schnelle Hunde weiter weg, nicht ganz so triebige, etwas langsamere näher beim Hundeführer. Beide Hundetypen müssen lernen, nah und weit zu arbeiten, damit eine Balance zwischen selbstständig und führig erhalten bleibt.

Vom Hundeführer wegdrehen

Das Wegdrehen haben wir bereits ohne Geräte geübt. Wir haben auch schon die Kommandos mit einfließen lassen: »Links«, »Rechts«, der Name des Hundes, um ihn heranzurufen, und das

»Weg«, um den Hund wegzuschicken. Am einfachsten fängt man jetzt mit einem gebogenen Tunnel an. Der Hund ist an unserem linken Bein und wir stehen vor dem linken Eingang. Nun schicken wir den Hund in den Tunnel. Während der Hund diesen abarbeitet und wieder herauskommt, machen wir einen Schritt nach links, so dass wir auf der Außenseite stehen. Wir nehmen die linke Hand und schicken den Hund vom rechten Bein gleich wieder in den Tunnel. Immer wieder wird der Hund bei dieser Arbeit bestätigt. Bei jedem erfolgreichen Versuch gehen wir einen Schritt zum Ausgang hin, so dass wir zum Schluss den Hund über die Hand weg vom Ausgang wieder zum Eingang schicken. So lernt der Hund, auf das Kommando zum Wegdrehen nicht nur den Hundeführer anzuschauen, sondern den Fokus von uns weg auf etwas zu richten. Machen Sie diese Übungen immer erst auf der einen Seite, bis alles sicher klappt, und dann auf der anderen.

Jetzt schicken Sie den Hund über zwei Hürden. Der Hund muss die Basisübung ohne Gegenstand sehr gut verstanden haben, damit er das ausführen kann, da das Leckerchen oder Spielzeug für einen Moment nicht mehr so offensichtlich gezeigt werden kann. Die zwei Sprünge stehen in einer Linie

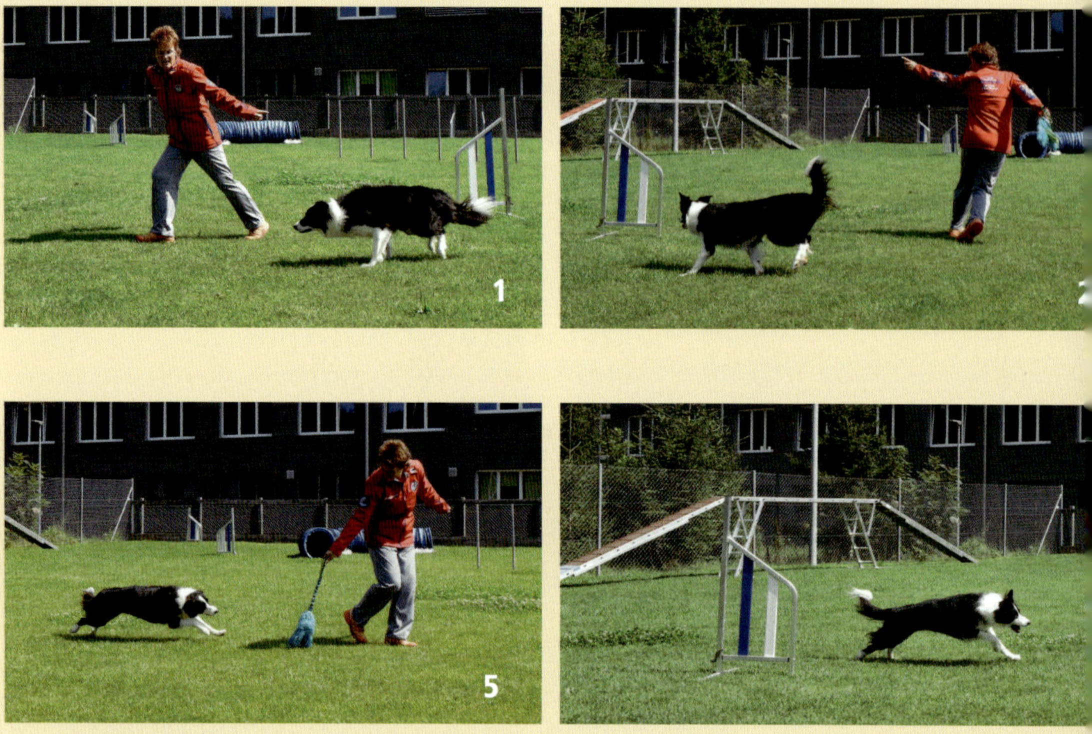

»Blinder Wechsel« *Diese Übung ist mit den Frontwechseln vergleichbar, allerdings ist es für den Hund etwas schwieriger, wenn wir ihm den Rücken zudrehen.*

Der Hund hat schon ohne Geräte gelernt, dass er vom Hundeführer wegdreht. Dies kann nun auch mit Sprüngen erarbeitet werden.

und die Startposition ist vor dem rechten Sprung, wobei der Hundeführer außen steht. Nun gehen beide los, bis der erste Sprung absolviert wurde. Danach wechselt der Hundeführer den Arm: Die andere Hand kommt zum Einsatz und schiebt den Hund vom Hundeführer weg in Richtung des nächsten Sprunges (siehe Seite 66).

Handwechsel hinter dem Hund

Einfache Handwechsel hinter dem Hund sind solche vor den Zonengeräten, vor Slalom und Tunnel. Der Hund hat schon gelernt, dass er nach vorne bestätigt wird und es spielt erst einmal keine Rolle, in welchem Galopp er ist (hierzu mehr unter Sprungtechnik).

Handwechsel hinter dem Hund ist wieder eine ähnliche Übung wie die vorherige, allerdings muss der Hund nun den Gegenstand sehr selbständig umgehen. Er hat bereits gelernt, dass er auf diese Bewegung von uns wegdreht. Das ist die Voraussetzung dafür, dass der Handwechsel hinter dem Hund erfolgreich absolviert werden kann.

Stellen Sie den Hund schräg vor den Sprung oder Gegenstand, sodass der Winkel nicht 90 Grad, sondern nur 45 Grad beträgt. Vergrößern Sie den

***Vom Hundeführer wegdrehen:** Das einfachste Wegdrehen vom Hundeführer lernt der Hund mit dem Tunnel. Erst steht der Hundeführer ganz nah beim Eingang, so dass der Hund nach dem Wegdrehen den Tunneleingang gleich wieder sieht. Hat der Hund diese Übung verstanden, geht der Hundeführer stückweise immer weiter zum Tunnelausgang. Somit muss der Hund nach dem Wegdrehen ein gutes Stück weiterlaufen, um wieder zum Eingang und somit zum Gerät zu gelangen.*

Winkel nach und nach. Der Hund befindet sich an Ihrem linken Bein. Gehen Sie einen Schritt nach vorne, unterstützen Sie ihn mit einem Linkskommando und dem rechten Arm und gehen Sie auf den Sprung zu. Nun kreuzen Sie jedoch hinter dem Hund. Diese Übung ist prinzipiell die gleiche wie die vorherige. Das Kreuzen hinter dem Hund bewirkt, dass der Hund die eingangs erwähnten Übungen sehr motiviert macht. Ist er noch unsicher, hat diese Übung keinen Sinn.

Es gibt Hunde, die diesen Wechsel einfach nicht begreifen wollen, d.h. sie drehen immer in der Landung verkehrt. Dies bedeutet nichts anderes, als dass der Hund auf dem falschen Fuß landet (siehe Sprungtechnik). Avalon war so ein Kandidat und ich musste für ihn alles in noch kleineren Schritten aufbauen.
Man legt dafür die Stangen ganz tief, der Hund steht vor dem Sprung und der Hundeführer dahinter. Die rechte Hand schickt den Hund vom linken Bein weg und bestätigt ihn für das richtige Drehen. Der Einfachheit halber kann der Hundeführer durch den Sprung über die Stange gehen. Machen Sie wiederum die Übung erst immer linksherum und gehen Sie kleinschrittig vor. Nun stehen Sie über dem Sprung und schicken den Hund wieder von sich weg nach links. Sollte dies dem Hund Schwierigkeiten bereiten, nehmen Sie Leckerchen oder Spielzeug in die rechte Hand und führen diese vor der Hundenase, um Hilfestellung zu leisten. Für einige Hunde ist dies eine harte Nuss und sie haben Mühe, das Ganze zu begreifen. Jetzt stellen Sie sich gerade vor den Sprung – mit einem kleinen Vorsprung; lassen Sie den Hund wieder von sich wegdrehen. Sollte der Hund mit diesem Schritt Mühe haben, stellen Sie ihn ganz schräg, also diagonal zum Sprung und zum rechten Ausleger, damit er schon in die richtige Richtung schaut. Nun gehen Sie bei erfolgreicher Absolvierung immer weiter vom Sprung weg und variieren die Winkel. Das kann lange dauern. Ich verspreche Ihnen aber: Wenn der Hund es einmal begriffen hat, ist die Übung in die andere Richtung ein Klacks (siehe Bildserien auf den nachfolgenden Seiten).

Wie Sie auf den Bildserien sehen, nehme ich immer die Gegenhand, sozusagen als »Blinker«, und gebe damit dem Hund die Zeit, sich auf den Handwechsel einzustellen und den Galopp vor dem Sprung zu wechseln. Passen Sie auf, dass Sie dem Hund nicht zu früh in den Weg treten und ihn bedrängen, weil Sie zu früh kreuzen möchten (Fotoserien nächste Doppelseite).

Change

Das Change hat zum Ziel, dass der Hund eng wendet und auch, dass er das folgende Gerät – dem wir den Rücken zuwenden – nicht gleich als nächstes wahrnimmt. Hunde nehmen nicht einfach aus Spaß den falschen Weg, sondern weil sie sich entschieden haben, dass dies wohl einfach das nächste Gerät sein muss.

Es gibt zwei Arten von Change. Bei der einen Variante ist der Hund auf derselben Seite des Sprunges wie der Hundeführer, bei der anderen Variante springt der Hund auf den Hundeführer zu.
Der Hund befindet sich an unserem linken Bein. Nun nehmen wir einmal die rechte Hand. Dadurch zeigen wir dem Hund unsere Front, was ihn bremst und nicht beschleunigt. Wir schicken den Hund jetzt mit der rechten Hand über den Sprung, wobei wir den Rücken dem Sprung zuwenden und uns gegen den Uhrzeigersinn bewegen. Sobald

Handwechsel hinter dem Hund: *Anfangs stellen Sie sich auf die gegenüberliegende Seite und kippen den Hund mit einer Handbewegung von sich weg. Sobald er wieder am Ursprungspunkt angekommen ist, loben Sie ihn mit einem Keks oder Spielzeug (je nach Präferenz des Hundes). Als Zwischenschritt können Sie auch noch gegrätscht über der Stange stehen.*

Handwechsel hinter dem Hund: *Stellen Sie sich auf die Seite des Sprunges, auf der sich der Hund befindet und kippen diesen mit der Körperbewegung und dem Kommando weg, welches der Hund schon ohne Gerät kennengelernt hat. Wenn der Hund das verstanden hat, können Sie ihn gleich nochmals senden, bevor er den Keks erhält.*

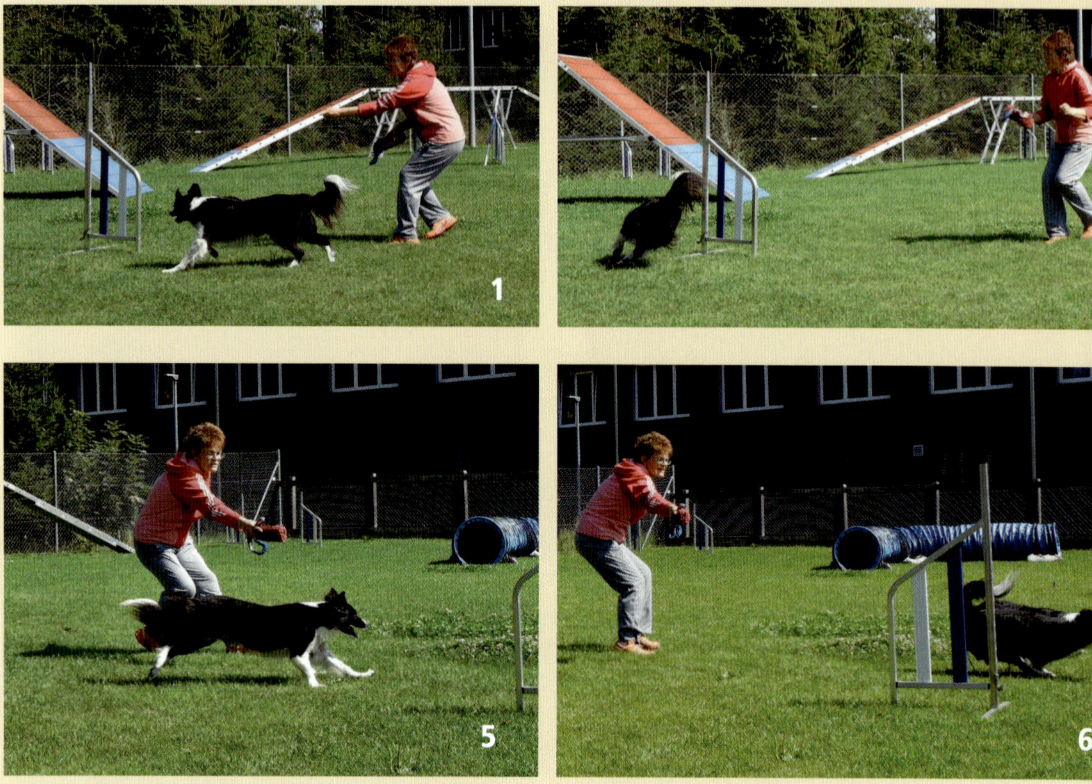

der Hund gesprungen und nahe am Ausleger wieder bei uns ist, wird er bestätigt. Bei der anderen Variante steht der Hund auf der gegenüberliegenden Seite des Sprunges. Mit der linken Hand wird er zu uns gerufen. Während der Hund springt, gehen wir ganz nah am Ausleger vorbei in die Richtung, aus der der Hund gestartet ist. Weil wir uns so eng am Ausleger bewegen, kann der Hund gar nicht anders, als wieder an unserem rechten Bein zu erscheinen. Nun wird er erneut gelobt. Wenn Sie den Hund beispielsweise hinter den Sprung schicken und mit einem Change erneut mitnehmen, dann seien Sie sich bitte bewusst, dass Ihre Füße in die falsche Richtung zeigen und dass der Hund über das Change-Kommando und mit der Hand zu uns gerufen werden muss.

»Rum« oder »Turn«

Unser Hund hat gelernt, vor unseren Beinen um uns herum zu gehen. Jetzt nehmen wir einen Ausleger dazu. Die Schwierigkeit hierbei ist, dass der Hund verinnerlicht hat, nicht vor uns zu kreuzen und uns zu bedrängen: Genau das soll er jedoch nun tun. Auch möchte ich ihn nicht immer »stellen«, sondern der Hund soll lernen, mit dieser Situation umzugehen. (Stellen bedeutet: Sie geben

***Kurz springen und eng wenden:** Erst wird der Hund ganz normal mit der linken Hand um den Ausleger geschickt (so weiß er nie, was kommt). Nun machen Sie einen Frontwechsel und nehmen den Hund mit der rechten Hand in Empfang und senden ihn mit einem »Right«-Kommando um den anderen Ausleger. Als zusätzliche Schwierigkeit bewegen Sie sich auch weg, damit der Hund motiviert bleibt, eng bei Ihnen zu arbeiten.*

dem Hund die Richtung bereits vor dem Absprung an, indem Sie ihm so im Weg stehen, dass er um Sie herumlaufen muss und so schon in die Richtung springt, in der das nächste Gerät steht.)
Zu Beginn müssen Sie dem Hund sicherlich helfen, wenn er diese Übung aus der Bewegung heraus ausführen soll. So helfen Sie Ihrem Hund: Drehen Sie sich einfach zu Beginn etwas mit und bauen Sie später diese Hilfestellung langsam ab.

Kurz springen und eng wenden

Eng wenden soll der Hund beim Tunnel und bei den Sprüngen (Hürden). Er soll lernen, dass er, wenn er bereits im Tunnel angesprochen wird, eng aus dem Tunnel kommen und in meine Richtung drehen soll.

Ich übe dies wie folgt: Ich stelle mich direkt an den Tunnelausgang, rufe den Hund, sobald er im Tunnel ist, und bestätige ihn mit dem Spielzeug direkt bei mir, wenn er nicht »kilometerweit« rausschießt. Üben Sie das jeweils auf beiden Seiten des Tunnels, also einmal links und einmal rechts am Ausgang stehend. Mit der Zeit lernt der Hund, auf Kommando ganz eng aus dem Tunnel zu drehen.

Kurz springen und eng wenden: *Wenn der Hund schon älter ist und springen darf, sollte er möglichst früh lernen, die Sprünge selbständig zu absolvieren.*

2

4

6

8

Auch bei den Sprüngen sollte der Hund immer wieder abwechselnd schnell geradeaus rennen dürfen, jedoch eng wenden, wenn ich dies wünsche. Dafür stellen wir uns beide vor den Sprung und das Spielzeug ist in der Führhand. Mit der Gegenhand (also der vom Hund weiter entfernten Hand) wird der Hund mit einer einladenden Geste über den Sprung geführt. So lernt der Hund wie es aussieht, wenn der Frontwechsel früh und rechtzeitig eingeleitet wird. Wenn ich dem Hund meine Körperfront zeige, bremst er. Er soll jetzt springen und ganz eng am Ausleger wieder zu mir kommen.

Das Spielzeug habe ich in dieser Zeit in der Hand, die den Sprung anzeigt. Sobald der Hund mich erreicht, darf er mit dem Spielzeug spielen (welches aber in der Hand des Hundeführers bleibt, da es eine bindende Übung ist). Sollte der Hund sich etwas zu viel Zeit lassen, bis er kommt, rennen wir zur vom Hund entfernten Seite los und geben ihm damit das Gefühl, dass er sich beeilen soll. Sobald er bei uns angekommen ist, darf er mit dem Spielzeug spielen.

Wenn der Hund das »Left« und »Right« richtig erlernt hat, dann kann er auch ohne Hilfestellung des Hundeführers den Sprung eng abarbeiten. Zu Beginn habe ich die Pylone an den Ausleger gestellt, damit der Hund ein für ihn bekanntes Bild erkennt. **Wichtig bei dieser Übung:** Egal wie hoch danach die Stangen liegen, der Hund soll oft zweimal um den Ausleger herum. So bleibt er eng und es »verwäscht« sich nicht irgendwann (das bedeutet, dass der Hund etwas nachlässig wird, weil das gewünschte Verhalten nicht konsequent eingefordert wird). (Mehr dazu im Kapitel Wettkampf-Übungen.)

***Enge Wendung aus dem Tunnel:** Mit einer kleinen Hilfestellung mit der Hand helfen Sie Ihrem Hund zu erkennen, dass er eng aus dem Tunnel kommen soll.*

Stellen – die optimale Linie finden

Bei uns im Training reden wir immer von der »Kampflinie«. Das ist die schnellste für den Hund zu absolvierende Linie (der direkte Weg), ähnlich wie beim Skifahren oder anderen Rennsportarten. Derjenige gewinnt, der die optimale direkte Linie führt.

Meiner Meinung nach sollte der junge Hund jedoch früh lernen, dass er nicht immer in einer direkten Linie auf ein Gerät zulaufen darf. Es kann sein, dass der Hund ganz bewusst auf ein »falsches« Gerät zulaufen soll, ohne es zu nehmen: Das nennt man »Stellen«.

Stellen Sie sich bitte immer vor, Sie müssten die Kurven mit einem Fahrrad oder Motorrad absolvieren. Sie würden auch nicht das Risiko eingehen, dass sich das Rad verkantet oder Sie aus der Kurve getragen werden.

Das Stellen üben Sie folgendermaßen: Sie halten den Hund immer an der Führhand mit dem Handtarget-Kommando. So wird es ihm einfacher gemacht, da er mit diesem Kommando bereits verknüpft hat, dass er die Hand anschauen soll.

»Eng« – enge Wendung aus dem Tunnel

Der Hund sollte möglichst früh lernen, auch auf Kommando eng aus dem Tunnel zu kommen. Natürlich können Sie den Hund kurz blocken, bevor er den Tunnel betritt, d.h. Sie zeigen mit der Gegenhand und animieren ihn so, sein Tempo zu drosseln. Da auf den heutigen Parcours aber nicht immer gewährleistet ist, dass Sie überhaupt beim Tunnel sind, sollte der Hund meines Erachtens auch lernen, auf ein verbales Kommando den Tunnel so zu verlassen, dass er eine enge, steile Kurve arbeiten kann.

3

4

Enge Wendung aus dem Tunnel: *Im nächsten Schritt soll der Hund lernen, nur auf Kommando eng aus dem Tunnel zu kommen. Das Spielzeug mittig und eng am Tunnel motiviert ihn, die Aufgabe schnell auszuführen.*

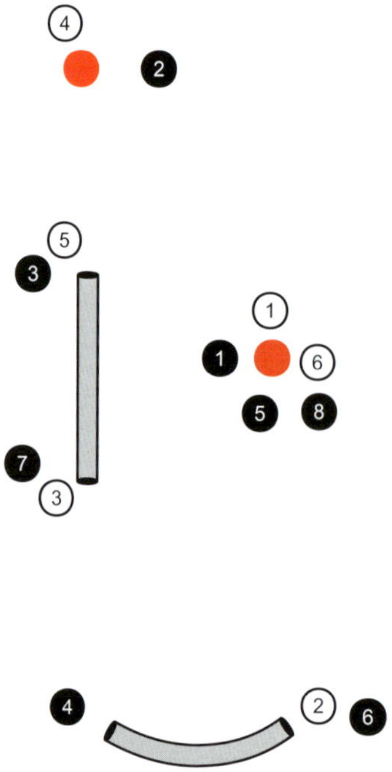

= Fässer aus dem Hoopers, welche sich sehr gut dazu eignen, den Hund drumherum zu senden. So können Sie auch gleichzeitig das Left/Right üben.

Mit dieser Übung können Sie leicht feststellen, ob der Hund wirklich verstanden hat. Senden Sie ihn mit einem »Vor«-Kommando geradeaus oder nehmen ihn mit einem »Eng«-Kommando eng mit. Hierbei müssen Sie nicht unbedingt das Fass zum Schluss machen, loben Sie stattdessen Ihren Hund bei einem engen Verlassen des Tunnels ausgiebig, indem Sie mit Spielzeug oder Futter wegrennen.

Zu Beginn ist es hilfreich, den Hund mit niedrigem Tempo in den Tunnel zu senden, so muss er nicht aus voller Beschleunigung abbremsen, d.h. Sie können ihn aus etwa der Mitte des geraden Tunnels hineinschicken. Mit der steilen Kurve beim Eingang ist sein Tempo nun sowieso gedrosselt und es fällt ihm leichter, die Aufgabe zu verstehen. Zuerst helfen Sie dem Hund, indem Sie ihm die Hand so an den Ausgang halten, dass er diese sehen kann, während er den Tunnel absolviert. Wichtig ist, dass der Hund sein Spielzeug immer ganz eng am Tunnel erhält, wenn er eng aus dem Tunnel kommt. Nach einigen Versuchen geben Sie ihm nur noch das Kommando »eng« sobald er den Tunnel betritt (damit er auch noch Reaktionszeit hat) und belohnen ein enges Verlassen des Tunnels unverzüglich in der Mitte des Tunnels. Wenn es der Hund begriffen hat, geben Sie ihm auch immer wieder ein »Vor«-Kommando im Tunnel und belohnen ihn fürs Beschleunigen und Geradeauslaufen. So lernt der Hund, auch im Tunnel zuzuhören. Alternativ kann auch das Kommando »lilili« für eng links und »rerere« für eng rechts verwendet werden. (Fotoserien auf der vorigen und auf dieser Doppelseite.)

Hinten, Außen, Out

Im Gegensatz zum »Geh raus« soll der Hund hier den Sprung (die Hürde) von hinten absolvieren. Wenn noch andere Geräte beim Sprung stehen, soll der Hund nicht auf diese zulaufen, sondern auf das Kommando »hinten/außen« nur den Sprung anvisieren. Dafür nehme ich die Hand nahe dem Hund. Das ermöglicht es mir, schneller wieder wegzukommen, da ich mich selbst so einfacher bewegen kann und weil ich diese Hand (da näher beim Hund) länger als Hilfestellung lassen kann.

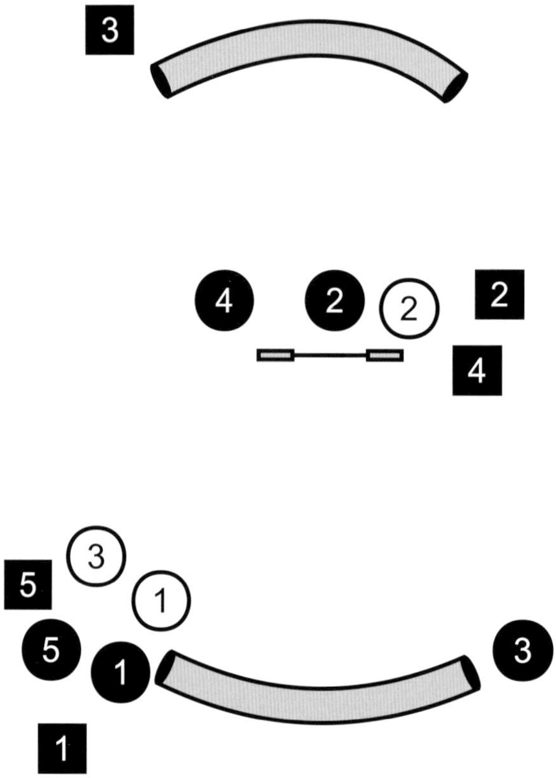

Weißer Kreis 1 – 3: Lassen Sie Ihren Hund an Ihrer rechten Seite arbeiten und versuchen Sie, immer weniger zum Ausleger hinzugehen.

Dunkler Kreis 1 – 5: Schieben Sie Ihren Hund mit der rechten Hand hinter die Hürde und nehmen diesen mit der linken Hand auf Ihre linke Seite; senden Sie ihn dann weiter in den Tunnel. Von da senden Sie ihn mit der linken Hand hinter den Sprung, nehmen ihn mit der rechten Hand an Ihre rechte Seite und senden ihn erneut in den Tunnel.

Dunkles Quadrat 1 – 5: Sogenannte S-Linien: Sie senden Ihren Hund mit der rechten Hand hinter die Hürde, nehmen ihn mit einem »German« auf der linken Seite mit zur 3 und senden ihn mit der linken Hand hinter die 4. Dann nehmen Sie ihn mit einem »German« wieder auf der rechten Seite mit in die 5.

Wenn der Hund verstanden hat, was das Kommando bedeutet, brauche ich mit der Zeit den Ausleger nicht bis zum Ende anzulaufen. Bitte beachten Sie beim Aufbau, dass der Hund (wie bereits besprochen) vor allem auf die Füße des Hundeführers achtet. Deshalb sollten Ihre Füße in die äußerste Ecke des Auslegers zeigen. Bei einem noch nicht so routinierten Hund gehen Sie bis in die Ecke des Auslegers.

Sobald der Hund den Ausleger umläuft, clicke ich, damit der Hund sicher ist, dass er das Richtige tut. Bestätigt wird er, wenn er wieder bei mir ist.

Sprünge von hinten zu absolvieren, ist für den Hund absolut nicht logisch. Ein übungsintensiver und zuverlässiger Aufbau ist hier für mich unerlässlich. Wenn der junge Hund übers Shapen gelernt hat, ist es für den Hundeführer viel einfacher, da das Kommando an erster Stelle kommt und es keine Rolle spielt, was der Hundeführer macht oder wo er steht. Beim Shapen ist es wichtig, dass der Hund geclickt wird, sobald er mit der Nase am Ausleger vorbeigeht und diesen von außen nehmen will. Variieren Sie dabei auch immer Ihre Position und die Ihres Hundes, damit er lernt, den Sprung aus allen Winkeln abzuarbeiten – egal, wo Sie stehen, d.h. unabhängig davon, ob Sie ein S-Linie laufen oder einen Belgier machen etc.

Um zu testen, ob der Hund verstanden hat, versuchen Sie Ihre körperlichen Hilfestellungen abzubauen, d.h. Sie gehen nicht mehr auf die Ecke zu und senden Ihren Hund mit der Führhand, sondern Sie lassen die Hand immer mehr weg und bewegen sich auch mal in eine andere Richtung. Wichtig ist, dass Sie erst stehen bleiben und die Hilfen abbauen und danach die Schwierigkeit mit einer eventuell anderen Richtung steigern. Toll ist es, wenn bei dieser Übung mit 2 Tunnels gearbeitet wird, so kann der Hund nach einem »Hinten« auch noch durch den Tunnel flitzen.

Wippenspiel

Viele Hunde fürchten sich vor Untergründen, die sich bewegen. Mit diesem Spiel soll der Hund lernen, dass er das Brett mit seinen Pfoten bewegt und Herr der Lage ist. Dazu legen wir einen Ausleger oder eine Stange unter die Wippe, so dass die Wippe auf der einen Seite ca. 2 cm hoch steht. Oder wir nehmen ein Brett mit einem Holz darunter (ich habe bei einem Runningbrett einfach ein rundes Holz draufgenagelt, so dass eine ganz niedrige Wippe entsteht). Wenn der Hund schon gelernt hat, mit den Pfoten ein Bodentarget zu berühren, kann man diesen auf das Brett legen. Jetzt soll der Hund lernen, dieses Target mit der Pfote zu berühren, obwohl das Brett sich bewegt. Er soll auch immer härter auf das Target treten, am besten mit zwei Pfoten. Wichtig dabei ist, dass der Keks von der Wippe weggeworfen wird. Erstens kommt der Hund dann immer wieder auf die Wippe zu und zweitens können eher vorsichtige Hunde selber entscheiden, wie lange sie nach dem Click verharren wollen. Mit jungen Hunden arbeite ich natürlich nur an Wippen mit einigen Zentimetern Höhe. Erwachsene Hunden müssen jedoch durchaus die ganze Plankenhöhe raufsteigen, um die Wippe herunterzuholen und – wenn sie die Zonen schon können – sich selbstständig draufzustellen. Bei Hunden, die sich vor solchen Spielchen fürchten, mache ich noch weitere Spiele, wie z.B. Türen zuschlagen (geeignet sind beispielsweise Schuhschrank- oder Waschmaschinentür). Dazu lege ich anfangs das Pfotentarget auf die Hand und lasse die Pfote draufschlagen. Am Ende halte ich nur noch das Pfotentarget an die Türe und lasse los, sobald der Hund draufschlägt. Vielleicht sollte man zu Beginn noch aufpassen, dass man den Knall etwas dämpft, damit der Hund sich nicht zu sehr erschreckt. Deshalb eignet sich die Waschmaschine gut: Die Tür hämmert nicht so. Für Welpen ist die Waschmaschinentür aber oft zu hoch. (Fotoserie nächste Doppelseite.)

Guarda, Look, Schau

Dieses Kommando soll dabei helfen, dass der Hund sich auf den Startsprung konzentriert – egal, wo wir als Hundeführer stehen. Auch wenn Sie schon bei einem zweiten Sprung stehen, soll der Hund beim Abrufen nicht am Startsprung vorbeirennen, sondern diesen auch nehmen.

Der Hund wird sich immer am Hundeführer orientieren, nun soll er aber auf das Kommando den Sprung anschauen und diesen auch nehmen.

*Für das **Wippenspiel** braucht die Wippe zu Beginn nicht hoch zu sein. Es geht hier lediglich darum, dass der Hund lernt, dass er die Wippe bewegt und das Brett ihm nichts Böses will. Als Hilfsmittel kann auch der Pfotentarget auf das Brett gelegt werden.*

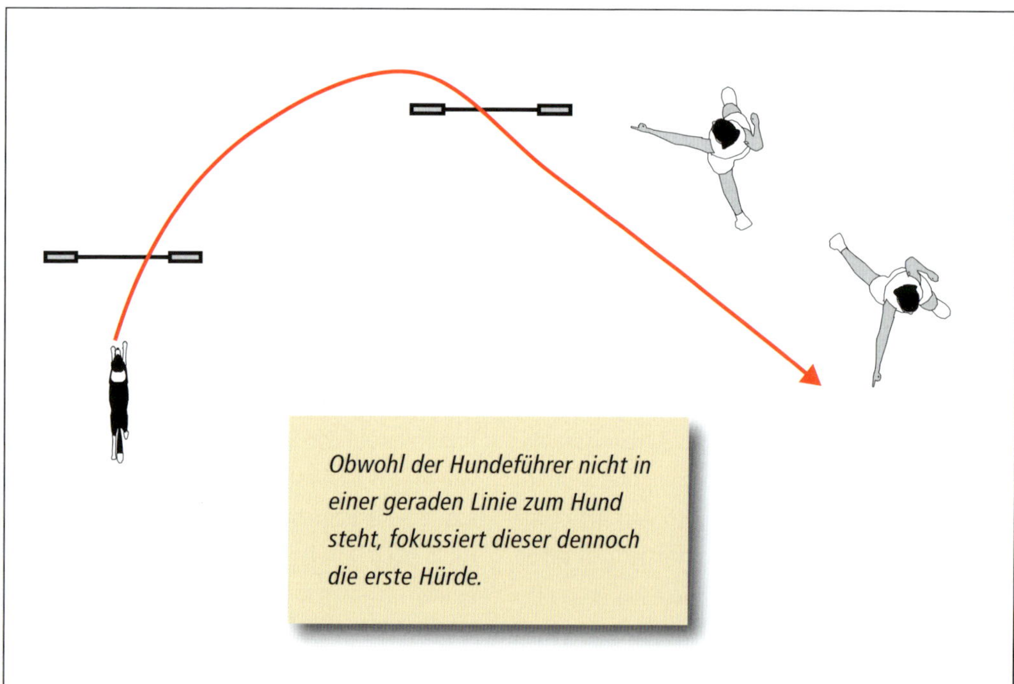

Obwohl der Hundeführer nicht in einer geraden Linie zum Hund steht, fokussiert dieser dennoch die erste Hürde.

3

4

Sobald der Hund das Brett herunterdrückt, clicken Sie und belohnen den Hund ausgiebig. Wenn der Hund keine Angst hat, können Sie ihn auf dem Brett direkt belohnen, wenn er aber unsicher ist, soll er nur die Wippe bewegen, darf dann herunter und wird unten belohnt.

Zu Beginn setzen Sie den Hund vor zwei Sprungausleger (mit ganz niedriger Stange). Stellen Sie sich gleich daneben. Formen Sie das Verhalten so, dass Sie den Hund jedes Mal clicken, wenn er den Sprung anschaut. Danach bestätigen Sie den Hund nach vorne (zum Beispiel mit ausgelegtem Spielzeug auf das Kommando »Nimm's« oder mit dem Futterautomaten). Wenn Sie finden, dass der Hund die Aufgabe verstanden hat, können Sie das Spielzeug oder den Futterautomaten so verschieben, dass der Hund erst den Sprung anschauen soll (und dieses Verhalten bestätigt wird), bevor er zum Spielzeug oder Futterautomaten rennen darf. Jetzt verschieben Sie Ihre Position, das Spielzeug oder der Futterautomat bleiben jedoch in einer Geraden. Immer wenn der Hund den Sprung anschaut, clicken Sie und lassen ihn zum Spielzeug oder Futterautomaten rennen.

Hat der Hund nun die Aufgabe ausgeführt, führen Sie das gewünschte Kommando ein. Jetzt stellen Sie sich auch einmal hinter den Hund oder seitlich. Der Hund wird wahlweise einmal bei Ihnen und einmal geradeaus (mit einem geworfenen Spielzeug) belohnt. Somit können Sie leicht in einer Startsequenz abrufen und der Hund konzentriert sich trotzdem auf den Startsprung.

Sprungtechnik

V. Sprungtechnik

Haben Sie sich schon mal überlegt, was ein Agility-Hund bei der Bewältigung von Sprüngen (Hürden) alles können muss?

Es sind enorm viele Fähigkeiten, die sich ein Hund (ähnlich wie beim Pferdespringsport) durch Übung aneignen muss. Was mich zu Beginn sehr erstaunte war, dass Hunde mit nur einer Stange zwischen den Auslegern springen. Ich fand das bis zu diesem Zeitpunkt eine fast unmögliche Aufgabe. Für die meisten Tiere ist es außerordentlich schwierig, die Höhe eines Sprunges und die Distanz für den Absprung abzuschätzen, wenn nur eine Sprungstange liegt. Bei jungen Pferden legt man sogar zum eigentlichen Hindernis aus mehreren Stangen noch eine Absprungstange auf der Erde dazu. Das erleichtert den Tieren die Arbeit. Als ehemalige Springreiterin mache ich mir sehr viele Gedanken zu diesem Thema. Beim Springreiten übernimmt der Reiter die Verantwortung für den Absprungpunkt sowie für die Länge der Galoppsprünge. Ein guter Springreiter weiß, wie groß ein Galoppsprung seines Pferdes ist. Wenn in einem Parcours eine Distanz (beispielsweise in einer Kombination) für das Pferd schwierig wird (z. B. dreieinhalb Galoppsprünge), dann entscheidet der Reiter, ob er das Pferd antreibt, so dass daraus drei Galoppsprünge entstehen, oder ob er es aufnimmt, damit es vier Galoppsprünge zwischen den Hindernissen machen kann. Diese Entscheidungen hat ein Agility-Hund alle selbst zu treffen. Zudem muss er noch aufpassen, wo es langgeht. Das heißt, er muss alles unter Kontrolle haben – und wir Menschen tun uns schon schwer, uns »nur« zu bewegen.

Ich spreche mich hiermit ganz klar gegen das Barren eines Hundes aus. Unter Barren versteht man jegliche schmerzhafte Korrektur für gefallene Stangen. Es scheint traurigerweise auch gang und gäbe zu sein, dem Hund die Stange an die Füße zu schlagen. Der Hund lernt damit nur, was er nicht darf, aber eine Hilfe gibt man ihm damit ganz und gar nicht. Nicht ohne Grund ist die Bestrafung mit dem Rohrstock in Schulen auch schon vor Jahrzehnten als obsolet eingestuft und verboten worden. Es gibt aber leider immer noch andere mir unbegreiflichen Trainingsmethoden.

Unter Stress kann kein Individuum lernen. Nehme ich mir Zeit, dem Hund beizubringen, was er mit seinem ganzen Körper tun soll, und optimiere seine Sprungtechnik, dauert dies zwar länger, dafür hält es aber fürs Leben. Barren dagegen müsste man den Hund immer wieder. Zudem sollte die Sprungtechnik genauestens betrachtet werden. Kann es sein, dass der Hund die Stange gar nicht oben lassen kann? Vielleicht liegen hierfür gesundheitliche Gründe vor. Wenn der Hund vor jedem Sprung taxiert, egal ob geradeaus oder in der Kurve, also die Galoppsprünge verkürzt, einen Absprungpunkt ohne Schmerzen sucht oder es vermeidet, sich über dem Sprung zu strecken,

Wenn der Hund weiß, dass die anschließenden Geräte in einer Geraden folgen, werden die Sprünge groß, d.h. die Flugkurve wird extrem lang.

ist das ein deutliches Alarmzeichen. Meiner Erfahrung nach ist bei solchen Hunden über die Jahre hinweg ein gesundheitliches Problem festgestellt worden. Oft nicht beim Röntgen, sondern erst mit verschlimmerten Symptomen im MRT oder MRI (wie es in der Schweiz heißt). Es könnte sich jedoch auch um ein visuelles Problem handeln. Schließen Sie bei einer schlechten Sprungtechnik erst körperlich bedingte Gründe aus, bevor Sie mit gezieltem Sprungtraining anfangen. Der Hund soll sich »öffnen«, d.h. er soll seine Hinterbeine nicht unter den Bauch ziehen, sondern sie nach hinten ausstrecken. Doch eine Überstreckung ist nicht wünschenswert, denn oft bekommen Hunde, die ihre Gelenke stark überstrecken können, im Alter ein Problem mit Bändern oder Sehnen – durchaus nicht wünschenswert für einen Sporthund, der uns lange im Sport erhalten bleiben soll.

Dieser Sprungstil ist sehr aufwändig: Der Hund muss viel höher springen, da er die Beine unter den Bauch nimmt.

Dieser Hund streckt bei einer Geraden die Beine nach hinten.

Sollte der Hund die Beine unter den Körper nehmen, ist es wichtig, dass die Sprünge wieder niedriger und die Distanzen vergrößert werden. Dadurch werden die Übungen wieder einfacher.

Geradeaus sollte der Hund das Vertrauen haben, seine Hinterbeine nach hinten herauszustrecken. So mancher Hund denkt fälschlicherweise, dass er, wenn er seine Beine unter den Körper zieht, mehr Schwung über den Sprung mitnehmen kann. Dies ist leider eine Fehleinschätzung, denn mit den Beinen unter dem Bauch muss er ja viel höher springen. Es ist nun wichtig, dass hier die Übungen und Höhen der Sprünge einfacher werden. Gleichzeitig (beim gesunden Hund) sollte die Muskulatur aufgebaut werden, zum Beispiel durch das Ziehen am Fahrrad (bitte achten Sie auf Trab) oder Joggen. Beim Ziehen werden die Hinterbeine gestärkt.

In einer Kurve wäre es unsinnig, die Beine nach hinten auszustrecken.

Einer der wichtigsten Faktoren ist wohl, dass der Hund lernt, sein Gewicht auf die Hinterhand zu verlagern. Im normalen Leben kommen etwa 60–70 % der Gesamtbelastung auf die Vorderhand. Wenn der Hund jedoch versucht, über dem Sprung die Vorderhand, statt der Hinterhand einzusetzen, sieht dies sehr sonderbar aus. Die meisten Hunde bringen ein Grundverständnis für die Sprungtechnik mit und ich habe nie darüber nachgedacht, bis mein junger Rüde Kyu in mein Leben trat. Man lernt bekanntlich immer dazu und ich versuche im Moment sehr viel, um ihm ein richtiges Absolvieren des Sprunges beizubringen. Kein einfaches Unterfangen, aber wir werden dranbleiben. Wir üben mit einer sogenannten Taktstange, damit er den richtigen Absprung erkennt und setzen ihn auch kurz vor den ersten tiefen Sprung. Ich lege die Stange ungern auf den Boden, weil der Hund sich beim Drauftreten verletzen könnte (die Stange rollt davon und der Hund könnte sich eine Zerrung holen).

Welche Fähigkeiten muss der Hund im Parcours entwickeln, um einen Sprung richtig überwinden zu können?

Der Hund muss

- einschätzen können, wie weit der Sprung weg ist.
- wissen, wie man den perfekten Absprungpunkt findet.
- wissen, wie viele Galoppsprünge nötig sind bis zum perfekten Absprungpunkt.
- wissen, wie man die Galoppsprünge anpasst (verkürzt oder erweitert), um zu diesem Absprungpunkt zu gelangen.
- einschätzen können, wie hoch der Sprung ist und wie viel Muskelkraft er braucht, um ihn richtig zu absolvieren.
- wissen, wie man eine Wendung vor dem Sprung oder in/nach der Landung nach einem Sprung macht.
- wissen, welche die sicherste und effizienteste Flugbahn über den Sprung ist.
- wissen, welchen Sprungstil er einsetzen muss. (Beine eher anziehen beim kurzen Sprung oder Beine nach hinten nehmen beim langen Sprung oder eine Kombination aus beidem.)
- wissen, wie man über »In-Outs« kommt (das heißt, der Hund landet und springt ohne Zwischengalopp wieder ab). Dies erfordert Kraft und eine enorme Körperbeherrschung, die sich der Hund erst aneignen muss.
- wissen, wie man Sprünge aus verschiedenen Winkeln macht.
- wissen, wann man die rechte oder linke Pfote für den Galopp gebraucht und wann welcher Galopp gefragt ist.
- wissen, wie man den Galopp wechselt (über dem Sprung und auf dem Boden).
- wissen, wie man auf unebenem Gelände etwas abwärts oder aufwärts springt.
- wissen, wie man auf jeglicher Oberfläche springt, auch wenn man vielleicht beim Absprung etwas rutscht.
- wissen, wie man springt, wenn es heiß, nass oder matschig ist.

Folgendes sollte man wissen: In einer Linkskurve galoppiert der Hund im Linksgalopp und in einer Rechtskurve galoppiert er im Rechtsgalopp. Wenn der Hund nun davon ausgeht, dass es nach dem Sprung in eine Rechtskurve geht, wird er im Rechtsgalopp landen.
Der Reiter zeigt dies dem Pferd durch Schenkelhilfe und Gewichtsverlagerung bereits beim Absprung, das sollte auch der Hundeführer im Agility tun. Wenn der Hund über dem Sprung den Galopp wechselt, erzeugt dies sehr viel Unruhe, besonders in der Hinterhand, und kann eine Stange kosten. Vor allem auch deswegen, weil der Hund den Kopf dreht und die ganze Körperachse verschieben muss. Beim Kreuzen hinter dem Hund kommt es oft vor, dass der Hund während der Landung eine Drehung macht. Die Ursache dafür ist, dass der Hund die Information zu spät erhält. Er befindet sich in der Landephase und hat sich bereits entschieden, beispielsweise im Linksgalopp zu landen. Der Hundeführer hat aber hinter dem Hund gekreuzt und eigentlich wäre ein Rechtsgalopp

Leider kommt es immer wieder vor, dass Hunde im Absprung auf feuchtem Rasen ausrutschen.

nötig. Ein routinierter Hund wechselt nun in der Landung noch den Galopp (unter einem sehr hohen Energieaufwand). Ein nicht so routinierter Hund wird erst einen Dreher machen und in der Drehung den Galopp wechseln. Ein Dreher ist nichts anderes, als den Hund »auf dem falschen Fuß« zu erwischen!

Machen Sie sich bitte klar, dass Sie das Navigationssystem sind und der Hund der Fahrer. Er hat keine Ahnung, wo der Weg hinführt und wie man diesen optimal absolviert. Das Navi sagt ihm auch den Weg weit voraus. Stellen Sie sich vor, es würde Ihnen bei 100 km/h ins Ohr schreien: »Sofort links.« Super, Sie würden sich bedanken.

Folgende Szenarien wären die Folge:

1. Sie verpassen die Straße, weil Sie die Kurve nicht mehr erwischt haben.
2. Sie überschlagen sich in der Kurve, weil Sie unbedingt »gehorchen« möchten.
3. Sie fahren in Zukunft nur noch 30 km/h, weil Sie nie wissen, wann das »Navi« Ihnen wieder eine kurzfristige Angabe macht.
4. Sie schmeißen das Navi aus dem Auto und ersetzen es. Leider hat der Hund diese Möglichkeit nicht!

Nicht umsonst plappert Ihnen ein GPS ständig irgendwelche Infos ins Ohr. Sie wissen genau, dass es beispielsweise noch sieben Kilometer sind, bevor Sie abbiegen müssen. Dies bestärkt Sie darin, gegebenenfalls Höchstgeschwindigkeit zu fahren. Sie wissen genau, wann Sie abbiegen müssen, Sie haben Zeit genug zu blinken, einen Gang runterzuschalten, abzubremsen und in aller Ruhe abzubiegen.

Warum geben Sie diese Chance den Hunden nicht? Unsere Philosophie beruht genau auf dieser

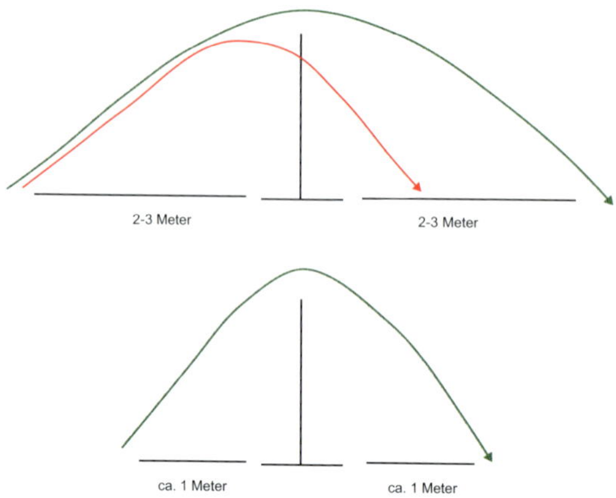

Wenn Sie den Hund in der Luft ansprechen, sich zu drehen etc., wird er zwar versuchen, näher beim Sprung zu landen – was ihm den weiteren Parcours vereinfachen würde, weil er dann eine engere Wendung laufen kann. Er wird aber die Stange werfen, da er die Landephase früher einleitet (siehe rote Kurve). Bleibt er auf der bereits gesprungenen Linie, wird er weit hinter dem Sprung landen (siehe grüne Kurve) und somit die Stange in den Halterungen lassen. Nur wenn der Hund bereits sehr nahe beim Sprung abspringt (siehe blaue Kurve), ist es ihm möglich, eine enge Kurve zu laufen. Der Hund wird ein physikalisches Gesetz befolgen. Wenn er den Sprung richtig springt, wird über dem Sprung der höchste Punkt in der Sprungphase sein. Somit wird die Distanz vom Absprungpunkt bis zum Sprung die gleiche sein, wie die vom Sprung bis zum Landepunkt (beispielsweise zwei bis drei Meter). Daraus lässt sich folgern, dass der Hund immer bereits vor dem Absprung wissen muss, in welche Richtung es weitergeht. Denn über dem Sprung hat er sich vielleicht auch schon für den weiteren Verlauf entschieden. Weiß er aber im Vorfeld bereits, was wir von ihm wollen, kann er sich viel einfacher darauf einstellen und wir machen es ihm leichter, die Sprünge sauber zu springen und die optimale Linie einzuhalten.

Erkenntnis. Das »Voran« ist als Richtungskommando die 150-km/h-Angabe. Dies sagt: »Lauf los, leg Tempo zu, ich sag dir dann schon, wann die Richtungsänderung kommt. Das »Rechts oder Links« ist ein 80 km/h-Schild. Dies ist eine normale Kurve. Das »Hey« ist die 30-Kilometer-Zone und bedeutet so viel wie »scharfe Kurve voraus«. Sie würden sich bedanken, wenn das »Achtung-Kurve-Schild« erst mitten in der Kurve stehen würde. Die einen fahren einen Sportwagen (diese 12-kg-Border) und die anderen (wie ich mit meinem 25 kg schweren Border) fahren einen LKW. Diese sind sicherlich auch schnell, aber nach physikalischem Gesetz einfach nicht so schnell beim Wenden und Beschleunigen.

Wenn der Hund erstmal abgesprungen ist und sich in der Luft befindet, kann er nichts mehr ändern.

Wie Sie aus dem »Voran« ersehen können, gibt es Hunde, die wissen, dass es sich, wenn der Befehl »Voran« kommt, um eine Gerade handelt. Sie springen diese dann extrem weit. Einen solchen Hund nach der Landung anzusprechen, würde nun gar nichts mehr bringen, weil er sich bereits auf

Der Hund dürfte seine Hinterbeine über dem Sprung etwas mehr nach hinten strecken.

Voran

den nächsten Sprung vorbereitet und sich schon wieder in der Abflugphase befindet. Wenn dieser Hund nun nicht abbiegt, hat das nichts mit Gehorchen zu tun, sondern damit, dass er schlichtweg keine Chance hatte, eine Kurve einzuleiten. Geben Sie dem Hund aber früh genug die Information, dass Sie abbiegen wollen, kann er ihr auch folgen. Agility-Hunde nehmen ja nicht extra falsche Geräte. Es ist also sinnvoll, dem Hund die Information für das nächste Gerät bereits vor dem vorhergehenden zu übermitteln.

Aus der Grafik »Absprungpunkte« ersehen Sie, wo »Absprungpunkte« für »Large-Hunde« liegen. Bei den »Small- und Medium-Hunden« ist es dementsprechend anders. Der Hund erhält beim Start ein »Voran«, und zwar nicht für den ersten Sprung, sondern für den zweiten. Zwischen dem ersten

Obwohl das hier ein sehr kleiner Large-Hund ist, springt er weit, wenn er weiß, dass es geradeaus weitergeht.

Anders dagegen bei einem Change. Durch die Front des Hundeführers weiß der Hund, dass er nach dem Sprung eng wenden soll und wird seinen Absprungpunkt sehr nahe am Sprung wählen.

und zweiten Sprung erhält der Hund nochmals ein »Voran«, das dem Hund die Information gibt, dass er beruhigt fast im Tunnel landen kann, denn das nachfolgende Gerät ist der Tunnel. Viele Hundeführer beklagen sich über die Parcours, dass der Hund bereits in der Verleitung landen würde etc. Wenn der Hundeführer nun aber den Hund etwas anders führt, landet der Hund ganz woanders. Die roten Punkte symbolisieren den Absprungpunkt und die grünen den Punkt bei der Landung. Der Hund erhält zwischen Sprung 1 und Sprung 2 das Kommando »Rechts« und kann somit runterbremsen. Er wird näher zum Sprung laufen und somit näher beim Sprung landen. Ein Hund, der das Kommando »Rechts« kennt und weiß, dass er sofort abbiegen muss, wird lernen, dass er erst das

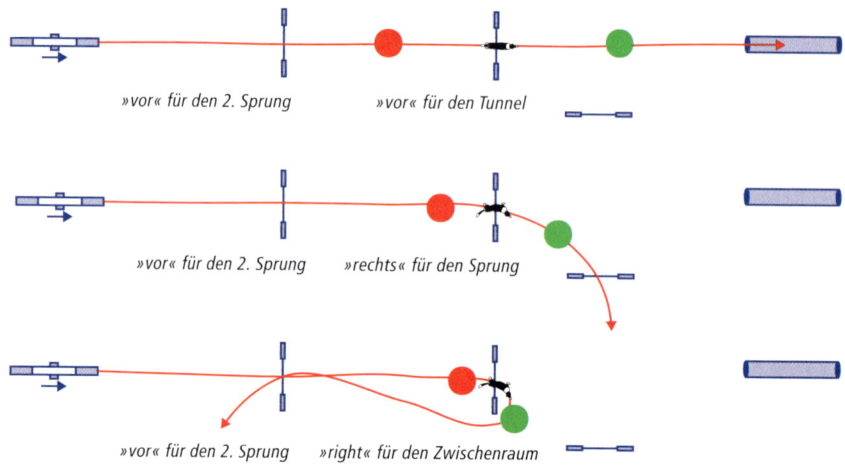

Das Kommando muss so früh kommen, dass der Hund noch Zeit hat, sich den richtigen Absprungpunkt zu suchen, ansonsten ist eine enge Wendung unmöglich.

Gerät absolvieren und dann eindrehen soll (auch mein Hund hat das später gelernt). Dadurch, dass der Hundeführer nicht stehen bleibt, wird der Hund den Sprung nehmen.

Ganz anders verhält es sich mit dem Kommando »Right, Right, Right«.

Kurzspringkommando

Hier kann auf zwei Arten gearbeitet werden. Die eine ist, dass ich immer vor dem Hund bin und mich kurz vor dem Absprung zum Hund eindrehe und die vom Hund weiter entfernte Hand einsetze. Oder der Hund kann mit einem Kurzspringkommando angesprochen werden.

Die »Hey«-Übung, um das Timing zu schulen

Die meisten Hunde finden diese Übung sehr spaßig, weil sie immer wieder geradeaus laufen dürfen. Für den Hundeführer ist sie eher ein Fitnesstest. Der Hund hat gelernt, dass »Hey« oder Ähnliches »scharfe Kurve« bedeutet, und er wird das Tempo verlangsamen. Schließlich ist es auch für uns sinnvoller, statt mit 120 km/h mit 60 km/h eine Passstraße hochzufahren. Wie bereits erwähnt, sollten Sie versuchen, im Training schnelles und langsames Tempo abwechselnd zu verlangen. Wenn Sie das Kommando geben und gleichzeitig stehen bleiben, ist es normal, dass der Hund zu Beginn vor dem Sprung abdreht. Das Kommando wird gegeben (Achtung Kurve), gleichzeitig wird der Sprung bis zum Ende angelaufen und somit dem Hund vermittelt, dass er zwar bremsen soll (Gegenhand verwenden), aber trotzdem den Sprung absolvieren darf. Kommt das Kommando zu spät, springt der Hund weit. Wird das Kom-

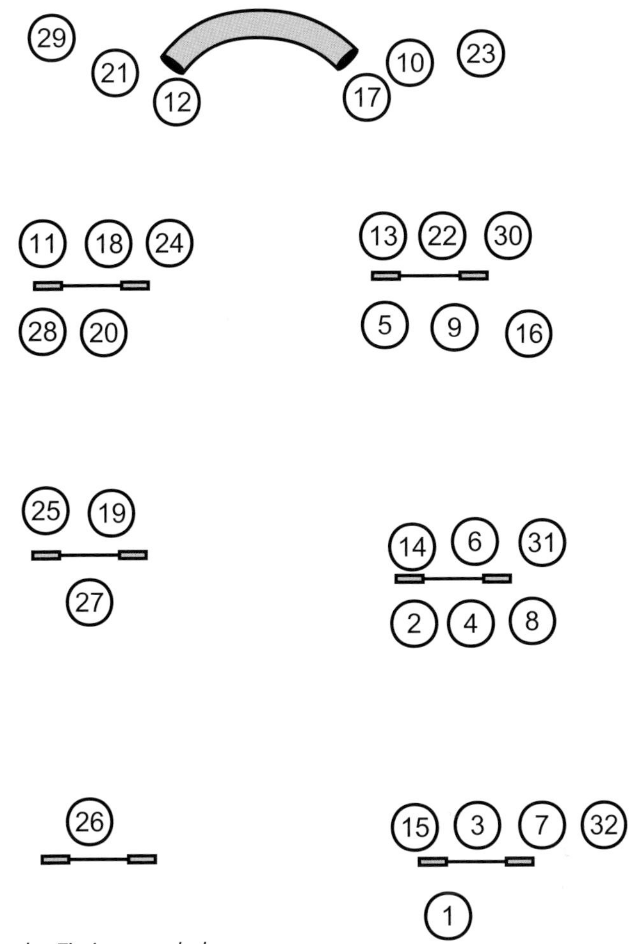

Die Hey-Übung, um das Timing zu schulen.

mando zu früh ausgesprochen, verlangsamt der Hund zwar, beschleunigt aber schon wieder auf den Sprung zu und wird wieder weit springen. Es ist also wichtig, dass der Hundeführer sein Timing schult.

Diese Variante bedingt aber, dass ich immer vor dem Hund sein muss. Deshalb habe ich meinen Hunden beigebracht, dass sie mit dem Kommando »Left« oder »Right« selbständig eine kurzgesprungene Hürde absolvieren. »Left« bedeutet dabei, dass der Hund immer links um den Ausleger herumlaufen muss, egal woher er kommt. Dies ist eine relativ simple Hilfe für den Hundeführer (ich diskutiere in den Trainingsstunden sehr oft, was der Hundeführer jetzt genau möchte oder welches Bild er im Kopf hat). Den Aufbau lesen Sie bitte bei den Junghundeübungen nach.

Timing schulen

Timing schulen

Es sollte in beiden Richtungen geübt sein, so dass der Hund sich auf Kommando aufnimmt und lernt, nicht in den Hundeführer reinzuspringen. ***Achtung:*** *diese Übung ist für den Hund äußerst anstrengend.*

Wenn der Hund nun gelernt hat, auf welche Seite er eng wenden soll, kann ich einige Steckstangen nehmen und den Hund abwechselnd auf beide Seiten schicken. Wichtig ist, dass ich als Hundeführer mich auch schon wegbewege, während der Hund noch mit seiner Aufgabe beschäftigt ist. Hat der Hund die Aufgabe wirklich verstanden, ist es wichtig, dass der Hundeführer wegrennt und ihn dann mit Spielzeug oder Futter bei sich bestätigt. So wird der Hund dazu animiert, die Aufgabe eng und schnell zu bewältigen.

Immer wieder beobachte ich Hunde, die Schwierigkeiten haben, wenn der Hundeführer ihnen auf der anderen Seite des Sprunges im Weg steht. Sie springen dann entweder irgendwo in die Pampa oder reißen die Stange, weil sie Prioritäten setzen und nicht in den Hundeführer hineinspringen wollen. Sie müssen nun lernen, sich zurückzunehmen, nicht einfach zu springen und gezielt zu landen. Sie sollen Tempo herausnehmen, sich biegen und erst dann springen. Nur so könnne sie kurz springen. Dazu werden die Stangen tief gelegt (bei Large maximal auf Medium-Sprunghöhe).

Der Hund wird nah an den Sprung gesetzt, der Hundeführer steht auf der anderen Seite. Bevor der Hund springen möchte, wird er mit einem Keks angehalten, isst diesen und darf erst dann springen. Manchmal versucht der Hund, auszuweichen und außen am Sprung vorbei zu laufen (er weiß einfach nicht, was er tun soll und traut sich schlichtweg nicht, zu springen). Motivieren Sie den Hund und bestätigen Sie ihn, wenn er tatsächlich gesprungen ist. Hat der Hund erst einmal diesen Schritt begriffen und versucht er, nicht einfach auf Biegen und Brechen zu springen (weil er

es nicht anders gelernt hat), können Sie den Hund auch weiter weg ansetzen oder hinter die Hürde schicken. Erhöhen Sie nun sukzessive die Sprunghöhe. Der Hund wird lernen, dass, wenn Sie ihm so im Wege stehen und ihm das Kurzspringkommando geben, er vollständig das Tempo rausnehmen darf, um nicht in Sie reinzuspringen und den Sprung kurz und erfolgreich zu bewältigen. Ich lasse meine Hunde im Training ab und an ganz stehen, damit die Aufgabe nicht verwischt und sie irgendetwas machen und wieder weiter springen. (Vorige Doppelseite).

Wenn man den Slalomskifahrern zuschaut oder selber schon auf einem Motorrad saß, dann weiß man, dass eine Kurve niemals direkt angefahren wird, weil es einen zu sehr aus der Kurve tragen würde. Viele »Agilityaner« machen aber genau das mit ihren Hunden. Die Hunde »verlieren so den Boden unter den Füßen«, weil sie aus einer schlechten Ausgangsposition springen müssen. »Schumi« (Michael Schuhmacher) würde für eine Kurve immer zuerst ausholen und dann in sie reinschneiden. Das ist die schnellere Variante und vor allem gelenktechnisch die gesündere. Alles, was die Hunde zwischen den Geräten machen, ist nicht schlimm. Wenn die Hunde aber die Landung mit ihren Pfoten abfangen und dann auch noch zusätzlich eine Drehung einbauen müssen, ist das eine enorme Belastung für das Skelett und die Gelenke, vor allem aber eine zusätzliche Belastung, die gar nicht nötig wäre.

Angehen eines Sprungs

Schauen Sie sich einmal Bilder von Hunden an, die sich gerade über einem Sprung befinden. Dabei

4

5

Legen Sie die Sprünge tiefer; wir wollen nicht, dass der Hund den Sprung verweigert oder unter der Stange durchläuft, er soll ja erst lernen. Sobald der Hund hinter dem Sprung ist, wird er aktiv mit einem Keks gebremst und angehalten. Hat er den Keks gegessen, darf er springen. Er wird zu Beginn am Sprung vorbeilaufen, weil er nicht weiß, wie er die Aufgabe lösen soll. Geben Sie nicht auf und motivieren Sie ihn freundlich, den Sprung zu absolvieren.

sehen Sie, wie schwer es für einen Hund ist, zu springen. Es ist viel einfacher, sich auf das Gerät einzustellen, wenn er bereits im Vorfeld weiß, wohin er springen soll (geradeaus, kurz, weit oder schon drehend über dem Sprung). Es ist auch sehr gut ersichtlich, wie der Hund die Rute als Höhenruder einsetzt.

Immer wieder wird behauptet, dass es mit kleinen Hunden »so« einfach wäre. Klar ist die Distanz zwischen den Hindernissen vergleichbar größer, aber auch für kleine Hunde ist es ungesund, zu weit zu springen. Außerdem kämpfen »Medium-Teams« und »Small-Teams« in eigenen Kategorien. Das heißt, wenn ein anderer »Small-Hund« eng springt, nützt es mir nichts, wenn viele »Large-Hunde« weit springen, wenn ich auch einen »Small-Hund« besitze.

Wenn der Untergrund matschig und rutschig ist (oder auch auf einem rutschigen Teppich), ist es noch wichtiger, dass der Hund weiß, wo es langgeht. Auf Rasen wirken zwar die gleichen Kräfte, jedoch mit dem Unterschied, dass der Hund nicht rutscht und sie besser abfangen kann. Der Hund muss teilweise extreme Kräfte mit seinem Gelenk- und Bandapparat auffangen, was für ihn sehr ungesund sein kann. Wenn Sie nun versuchen, den Hund auf den Sprüngen mit gutem Vorausdenken etwas anders zu führen, nehmen Sie schon sehr viel Belastung weg. Der Hund wird es Ihnen danken. Wenn ein Hund ein Problem mit den Stangen hat, würde ich eine Zeit lang nur mit einem oder höchstens zwei Sprüngen arbeiten. Der Hund muss erst einmal lernen, wie er mit seinem Körper umzugehen hat.

Beim Pferdespringsport werden Sprünge häufig in allen möglichen Formen (d.h. verschiedene Höhen, Abstände, Winkel, etc) trainiert. Beim Agility werden oft Slalomeingänge, Zonen etc. trainiert, die Sprünge hingegen vernachlässigt – in der Annahme, die Ausführung wäre Sache des Hundes. Ich bin durchaus der Meinung, dass das Springen der »Job« des Hundes ist, aber ein »Job« kann nur dann richtig und souverän gemacht werden, wenn

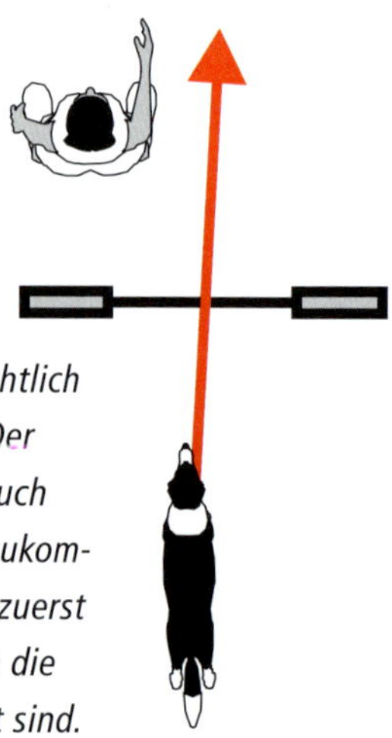

Stellen Sie sich absichtlich in den Sprung rein. Der Hund muss lernen, auch mit wenig Platz auszukommen. Machen Sie es zuerst einfach, indem Sie in die Laufrichtung gedreht sind.

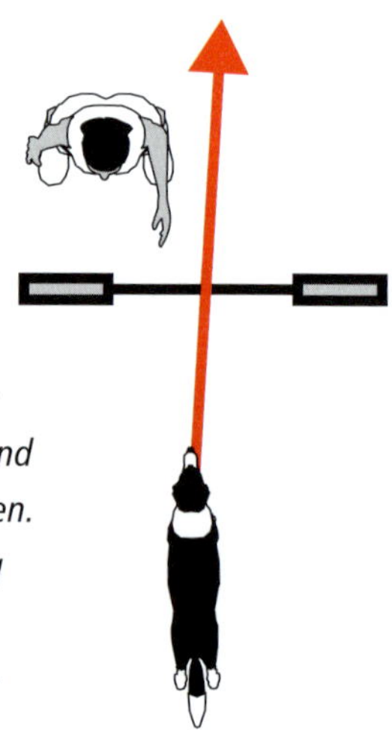

Nun stellen Sie sich absichtlich frontal zum Hund und in den Sprung rein. Der Hund muss nun lernen, auch mit Druck und wenig Platz auszukommen. Werfen Sie das Spielzeug nach hinten, so lernt der Hund, freudig auf Sie zuzuspringen.

derjenige, der ihn ausführt, auch eine fundierte Ausbildung hat. Wenn der Hund mit sechs Metern pro Sekunde angerannt kommt, kann er nicht gleichzeitig denken und alles richtig machen. Stellen Sie sich vor, Sie würden mit einem Ferrari das Fahren lernen und die ersten drei Gänge wären gesperrt!

Wenn ich mit wenig Tempo arbeite, kann ich dem Hund auch »erklären«, was ich möchte. Berührt der Hund die Stange, sage ich »Äh-Äh«. Arbeitet der Hund den Sprung mit Erfolg ab, bekommt er eine Bestätigung. Ich arbeite zu Beginn den Sprung nur einmal ab. Begreift der Hund, was er zu tun hat, kann ich ihn die Hürde in Folge zwei- oder gar dreimal arbeiten lassen.

Bestätigen Sie den Hund immer wieder, wenn er erfolgreich war. Einige Hunde bieten eine perfekte Sprungtechnik an, mit anderen muss hart daran gearbeitet werden.

Es gibt auch Trainingsmethoden, die mit dem Barren im Springsport verglichen werden können. Natürlich kann ich den Hund dafür strafen (in welcher Form auch immer), wenn er eine Stange reißt, nur hilft ihm dies recht wenig. Die Technik des Hundes zu verbessern, heißt einen enormen Arbeitsaufwand auf sich zu nehmen. Wenn der Hund jedoch eine gute Technik erlernt hat, wird er diese sein Leben lang anwenden. Barren muss man den Hund immer wieder, weil man dem Tier mit dieser Methode nur vermittelt, dass es falsch ist, eine Stange zu reißen. Man gibt ihm damit aber keine Chance zu lernen, wie ein Sprung richtig zu absolvieren ist. Außerdem ist es tierschutzrelevant, dem Tier Schmerzen zuzufügen und von daher ist Barren mit Sicherheit keine in Frage kommende Trainingsmethode.

Um dem Hund eine gute Technik beizubringen, gibt es mehrere Übungen – erst mit einem Sprung, danach auch mit zwei oder mehreren Sprüngen. Versuchen Sie dabei, ruhig zu bleiben und den Hund einfach einmal arbeiten zu lassen.

Viele Hunde reißen die Stangen, wenn man sie über der Stange anspricht. Dies kann ich verhindern, indem ich den Hund nicht mit »hundert Sachen«, sondern erst mal ganz ruhig arbeiten lasse. Dabei spreche ich ihn ganz bewusst über dem Sprung an. So hat der Hund eine reelle Chance zu verstehen, was wir eigentlich von ihm wollen und dass es Priorität Nr. 1 ist, die Stange oben zu lassen.

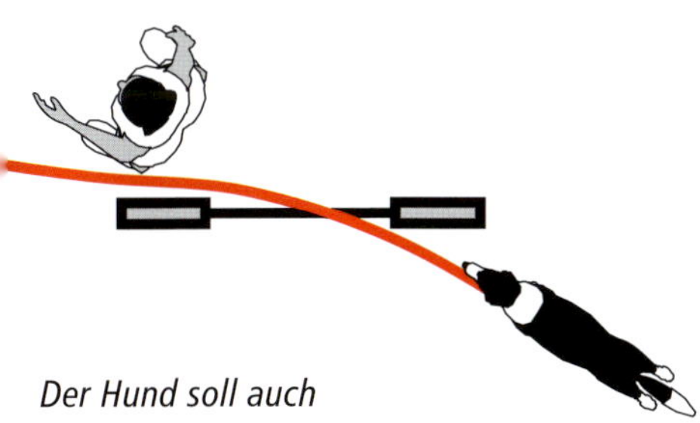

Der Hund soll auch seitlich mit wenig Platz auskommen. Verweigert der Hund den Sprung, sind Sie zu nahe. Beachten Sie, dass diese Übung das Endziel ist. Fangen Sie also erst einmal einfach an.

Mit diesen Übungen lernt der Hund, auch mit wenig Platz auszukommen.

Der Hund sollte lernen, auch mit wenig Platz auszukommen. Dies üben Sie am besten zu Beginn mit niedrigen Hindernissen.

Springen ist eine Vertrauenssache. Wenn der Hundeführer im Weg steht, weil er den Belgier beispielsweise nicht beendet hat, traut sich der Hund unter Umständen nicht, den Sprung zu nehmen. Er läuft zum Beispiel an der Hürde vorbei oder reißt die Stange. Machen Sie dann in aller Ruhe die Übungen auf der nächsten Doppelseite mit dem Hund.

Lassen Sie den Hund auf der einen Seite des Sprunges warten. Positionieren Sie sich auf der anderen Seite gemäß den Skizzen. Lassen Sie auch hier den Hund mit Erfolg arbeiten. Wenn Sie dem Hund von Anfang an zu wenig Platz lassen, wird er dem Sprung ausweichen. Gehen Sie in diesem Fall einen Schritt zurück und arbeiten Sie mit kleinen Lernabschnitten.

Bei der Übung 1 stellen Sie sich seitlich in die Stange rein, so dass der Hund nur bedingt Platz zur Verfügung hat. Bestätigen Sie den Hund mit Spielzeug oder Futter. Nun lassen Sie dem Hund immer etwas weniger Raum, so dass er am Ende nur noch den Platz vom Anderthalbfachen seiner Körperbreite zur Verfügung hat. Legen Sie zu Beginn solcher Übungen die Stange noch tief, um dem Hund unter vereinfachten Bedingungen das Lernen zu erleichtern. Legen Sie die Stange danach Schritt für Schritt höher bis zur Wettkampfhöhe, wenn der Hund die vorherige Stufe erfolgreich erarbeitet hat.

Bei der Übung 2 stehen Sie frontal zum Hund. Viele Hunde haben Mühe, auf den Hundeführer zuzuspringen. Diese Übung hat sich auch bewährt, um dem Hund das »Rum« oder »Change« verständlich zu machen. Wenn der Hund springt, werfen Sie das Spielzeug nach hinten. Variieren Sie immer auch die Distanz zum Sprung.

Erst wenn der Hund verstanden hat, können Sie die Stange auf Wettkampfhöhe legen.

Bei der Übung 3 soll der Hund mit wenig Platz auskommen und dazu noch schräg über den Sprung kommen. Es braucht ein enormes Vertrauen, bis der Hund diese Art von Übung ausführt. Lassen Sie sich deswegen Zeit mit der Übung. Wenn der Hund den Sprung verweigert, schimpfen Sie nicht mit ihm. Gehen Sie davon aus, dass er nicht weiß, was er tun soll und kehren Sie zu einer einfacheren Übung zurück.

Stangenprobleme

Vielen Hunden ist es gar nicht klar, dass sie die Stange nicht berühren sollen. Sie haben oftmals keine Zeit, sich bewusst auf den Sprung zu konzentrieren. Um dem Hund beizubringen, die Stange nicht zu berühren, kann man den Lauf jedesmal abbrechen, wenn der Hund eine Stange wirft oder auch nur berührt oder wenn er die Stange unterläuft. Ich habe allerdings schon viele Hundeführer getroffen, die das Timing für den Abbruch nicht beherrschen. Versuchen Sie, große Distanzen zwischen den Geräten einzubauen, damit der Lauf des Hundes auch wirklich bei der Hürde abgebrochen werden kann, die er reißt oder unterläuft. Meist reagieren die Hundeführer zu spät und der Hund wird nach dem richtigen Absolvieren eines Sprunges angehalten.

Versuchen Sie immer, die Situation mit den Augen des Hundes zu sehen, dann unterlaufen Ihnen solche Timing-Fehler nicht. Ich persönlich möchte lieber, dass mein Hund lernt, wie er seinen Körper über dem Sprung einzusetzen hat, und dass er die Stange nicht berühren soll, als dass er »irgendwie« springt. Berühren ist hier das Kriterium. Denn ob eine Stange bei einer Berührung fällt oder nicht, ist nur Glück oder Pech.

Bitte stellen Sie auch immer sicher, dass der Hund keine körperlichen Probleme hat. Zieht er zum Bei-

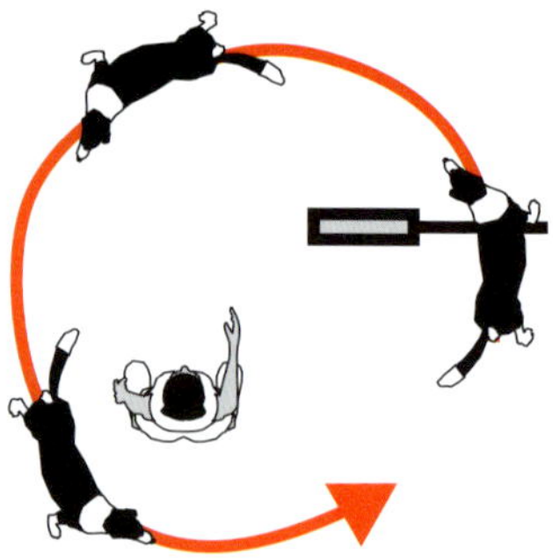

Der Hund wird über den Sprung geschickt, nach der Landung mit dem Change-Kommando um den HF herumgenommen und wieder über den Sprung geschickt.

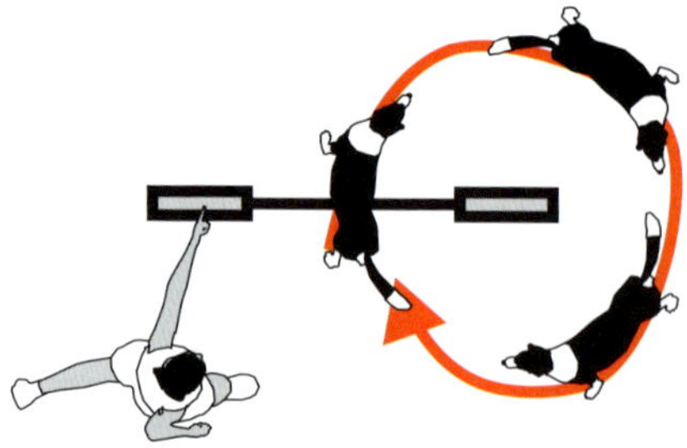

Der Hund wird mit einem Handwechsel über den Sprung geschickt, nach der Landung zum HF gerufen und wieder über den Sprung mit einem Handwechsel geschickt.

spiel immer das linke Bein gleich schlecht/gut an oder seitlich heraus? Das wäre ein Hinweis auf ein körperliches Problem.

Oft fällt mir auf, dass es Hunde mit fürchterlichen Sprungtechniken gibt. Beim Springsport würde man sagen, »die Pferde springen ohne Rücken« und würde an der Technik arbeiten.

Testen Sie sich selber: Machen Sie ein Hohlkreuz. Beugen Sie sich vornüber und stellen Sie sich auf ein Bein. Nun versuchen Sie, sich seitlich zu biegen. Sie merken, wie instabil Ihre Füße dabei werden. Machen Sie nun dieselbe Übung mit einem runden Rücken. Sie werden sehen, dass, obwohl Sie sich nun seitlich biegen, eine gewisse Stabilität da ist und es einfacher wird, sich zu drehen.

Wie können Sie eine gute Sprungtechnik aufbauen oder ein Stangenproblem beheben?

Nehmen Sie einen Sprung und legen Sie die Stange tief. Setzen Sie sich seitlich hin, also beim Ausleger. Bewaffnen Sie sich mit Clicker und Keksen. Motivieren Sie nun den Hund zu springen. Clicken Sie beim erfolgreichen Absolvieren des Sprunges (die Kriterien sind: Rücken rund und Stange nicht berühren) und geben Sie ihm den Keks, wenn er nach dem Sprung wieder auf der Absprungseite angekommen ist. So lernt der Hund, dass er gleich um den Ausleger rum muss. Auch hier können Sie die Kommandos »Left«/»Right« aufbauen.

Üben Sie mit Ihrem Hund erst die »bessere« Seite. Jeder Hund hat eine Seite, auf der es ihm leichter

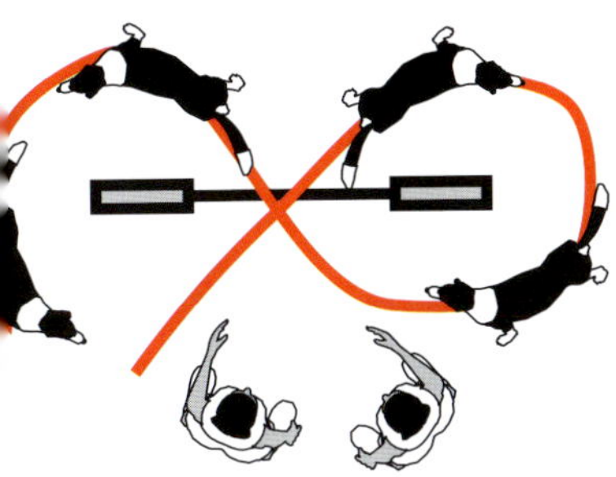

Der Hund wird über den Sprung geschickt und mit einem Belgier (statisch) wieder über den Sprung geschickt.

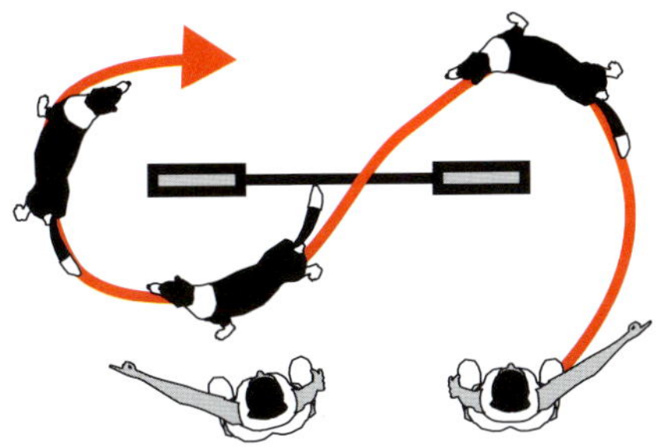

Der Hund wird hinter den Sprung geschickt und vor dem HF mit der linken Hand wieder hinter den Sprung geschickt.

Es gibt so viele Übungen, die Sie für Gymnastikzwecke mit nur einem Sprung durchführen können.

fällt. So muss er »nur« die neue Übung lernen und nicht zusätzlich noch seine schlechtere Seite koordinieren. Der Grund, wieso Sie knien oder sitzen ist der, dass der Hund seinen Fokus nach unten behalten soll: So macht er seinen Rücken weiterhin rund. Mit der Zeit können Sie auch aufstehen, achten Sie jedoch darauf, dass der Hund den Rücken rund behält, damit er eng springen kann. Diese Übung machen Sie bitte täglich, aber niemals allzu lange (höchstens ca. 10 Versuche), da sie sehr anstrengend ist. Mit der Zeit können Sie die Stange auch auf Wettkampfhöhe legen (siehe nächste Doppelseite).

Manche Hunde haben ein Problem, den richtigen Absprungpunkt zu finden. Dies kann man üben, indem man dem Hund eine Hilfe anbietet. Stellen Sie einen niedrigen Sprung an die Stelle, an der er abspringen soll. (Der Sprung sollte wirklich ganz niedrig sein. Alternativ kann eine auf dem Boden liegende Schwimmnudel verwendet werden.) Setzen Sie den Hund zu Beginn ganz nah vor den Sprung, damit er das Gewicht auf seine Hinterhand legen muss, um erst den kleinen Sprung (oder Nudel) und dann gleich den etwas höheren Sprung absolvieren zu können.

Wichtig ist, dass er beim Landen nach dem niedrigen Sprung gleich wieder abspringt, um den normalen Sprung überwinden zu können. Achten Sie darauf, dass der Sprung immer direkt unter der höchsten Stelle der Sprungkurve liegen muss. Das

Die Schwimmnudel dient als Absprunghilfe und durch das Spielzeug oder den Futterautomaten wird der Fokus des Hundes geradeaus nach vorne gebracht. Die Stangen werden absichtlich unterschiedlich in der Höhe gelegt, damit der Hund möglichst viel Vertrauen aufbauen kann.

heißt, der Abstand des kleinen Sprung oder der Nudel (die als Taktstange fungiert) sollte an die Länge des Galoppsprunges angepasst werden, also bei den Large-Hunden ca. 1,5 m weit weg sein und bei den kleineren Hunden entsprechend näher liegen.

Eine gute Übung ist, mehrere Sprünge in unterschiedlicher Höhe und unterschiedlichen Distanzen aufzustellen. So soll der Hund einschätzen lernen, ob er sich lang machen oder noch einen Zwischengaloppsprung einbringen sollte.

Dieses Thema ist sehr komplex und schwierig und kann kaum auf ein paar Seiten abgearbeitet werden. **Ein pauschaler Tipp:** Lassen Sie Ihren Hund viele Sprungsequenzen ausführen. Variieren Sie dabei Höhe und Distanzen. Und ganz wichtig: Loben Sie, wenn der Hund seine Aufgaben erfolgreich (ohne Berühren) absolviert.

Öffnet der Hund sich nicht über den Sprüngen (zieht er die Hinterbeine immer unter den Bauch), machen Sie die Distanzen groß. So motivieren Sie ihn, sich über den Sprüngen zu öffnen. Dazu eignet sich eine Hilfsperson, die den Hund mit einem Spielzeug am Ende motiviert und so der Fokus bleibt.

Bei all diesen Übungen empfiehlt es sich, mit einem Futterautomat zu arbeiten, damit der Hund den Fokus auf den Sprüngen und nicht beim Hundeführer hat. Dazu muss der Hund aber erst ohne Sprünge lernen, dass er nur starten darf, wenn er den Futterautomaten – den Sprung – anschaut. (Siehe Serie auf der folgenden Doppelseite.)

Kann der Hund sich nicht aufnehmen, geht also nur in voller Fahrt über die Sprünge, machen Sie mit ihm Übungen, bei denen er sich zurücknehmen muss. Oftmals ist der Hund im Rücken steif und kann sich gar nicht richtig biegen. Hier sind sicherlich alle Übungen gut, die das »Left« und »Right« betreffen. Durch sie wird der Hund biegsamer und lernt, sich eng um den Ausleger zu wickeln.

Es ist wichtig, dass Distanzen, Höhe und Anlauftempo langsam gesteigert werden. Der Hund soll sich ja nicht verletzen, wenn er versehentlich den dritten Sprung auch noch nimmt.

Der Hund lernt so, das Gewicht in die Hinterhand zu legen, nach vorne zu springen und sich zu strecken.

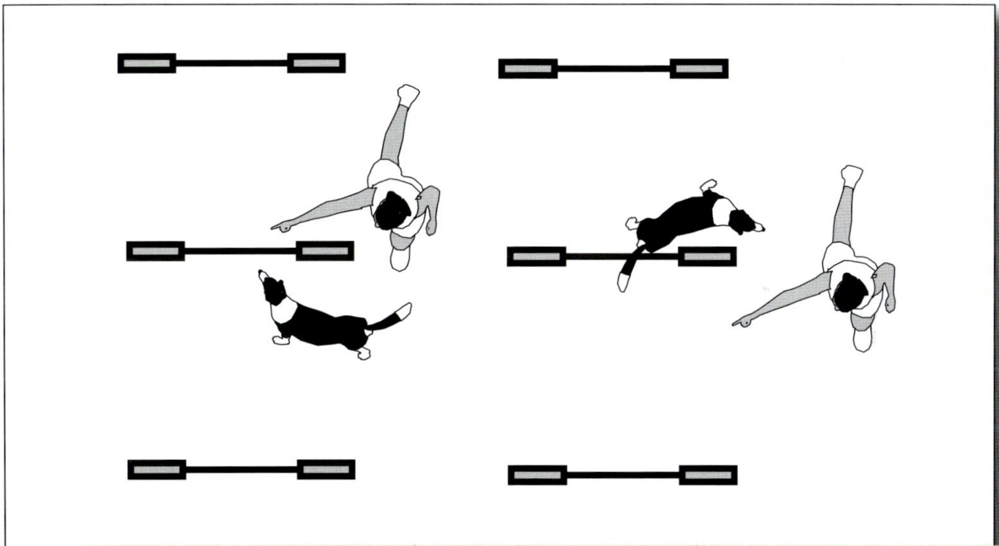

Stellen Sie die Sprünge nah zusammen (der Hund muss ja nur den mittleren nehmen) und legen Sie die Stangen tief. Stellen Sie nun den Hund seitlich zwischen den ersten und den zweiten Sprung. Greifen Sie mit der rechten Hand über die Stange und führen Sie den Hund über den Sprung. (Sie dürfen ruhig einen Keks in der Hand halten, damit der Hund der Hand folgt.) Wenn der Hund nun beim Ausgangspunkt angekommen ist, erhält er den Keks in der Laufrichtung und wird für sein enges Springen belohnt. Sie können an dieser Stelle auch den Anlauf vergrößern (aber bitte in kleinen Schritten), damit der Hund mit mehr Tempo auf den mittleren Sprung kommt und vor dem Sprung immer mehr Tempo rausnehmen muss.

Hier kann man mit drei Sprüngen viel zur Gymnastizierung des Hundes beitragen. Die Variationen sind vielfältig.

Mit dieser Übung soll der Hund wieder Vertrauen in seine Sprungfähigkeit erhalten. Die Sprünge sind in unterschiedlicher Distanz und Höhe gestellt. Fangen Sie kurz an (mit den drei Sprüngen rund und nur einen Sprung auf der Geraden) und hängen Sie bei erfolgreichem Überwinden (also stilistisch richtigem Springen) immer einen Sprung mehr an. Natürlich kann diese Übung auch von guten »Springern« absolviert werden, es schadet niemals. Für Hunde, die Mühe haben, den richtige Absprungpunk zu finden, kann auch noch eine Schwimmnudel als Taktstange oder Absprunghilfe gelegt werden.

Die Sprünge sind niedrig gestellt (zwischen Small- und Mediumhöhe für Large-Hunde).

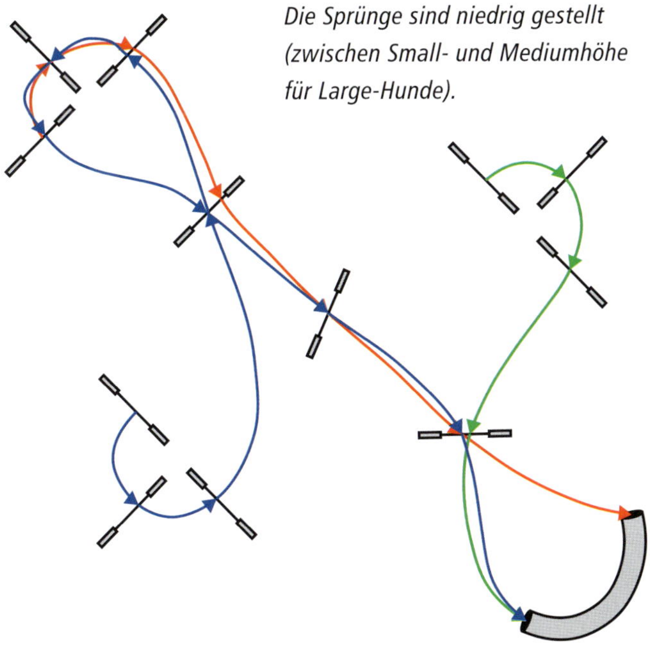

Führhilfen

VI. Führhilfen

Wie zeige ich nun dem Hund, wohin er laufen soll? Stellen Sie sich vor, Sie sind das Navigationssystem und Ihr Hund ist der Fahrer. Je klarer Sie also in der Kommunikation sind, desto klarer ist es dem Hund, wohin er laufen soll. Eine Schwierigkeit dabei ist, dass der Hund von seinem Naturell her nur mit dem Körper kommuniziert. Das heißt, wenn wir Kommandos und Körpersprache kombinieren, wird der Hund IMMER die Körpersprache wählen, weil diese ihm sehr nahe ist. Haben Sie nun festgestellt, dass der Hund beispielsweise beim Start auf Ihre Bewegung hin losläuft, trennen Sie bitte Kommando und Sichtzeichen: erst das Kommando und dann die Bewegung.

Körpersignale / Kommandos

Füße

Füße lügen nicht. Das heißt, der Hundeführer wird immer in die Richtung laufen, in die die Füße zeigen, alles andere wäre viel zu kompliziert. Eine altbewährte Übung ist es deswegen, wortlos und mit den Händen hinter dem Rücken oder seitlich anliegend, einen Parcours zu absolvieren. Hier muss der Hundeführer seinen Körpersprache und seine Füße gezielt einsetzen, weil er keine Hände und Kommandos zur Kompensation für schlechte Fußarbeit hat. Lustig wird es auch, wenn einmal ein Mensch die Rolle des Hundes übernimmt und sich bewusst werden muss, wie schwierig es ist, wenn der Hundeführer unklare Hilfen gibt. Noch lustiger wird es, wenn der menschliche Hund auch

Füße lügen nicht – sie sind das Display unseres Navis.

galoppiert und Galoppwechsel ausführen soll. Dann werden Sie sehen, wie schwierig es für einen Hund ist, sich zurechtzufinden.

Blicke

Augen sagen sehr viel aus. Selbst Menschen spüren, wenn sie angestarrt werden. Hunde haben in dieser Beziehung ein noch größeres Feingefühl. Wenn Sie als Hundeführer das falsche Gerät anschauen, wird der Hund auch das falsche Gerät absolvieren. Oft möchte der Hundeführer ja nur die Kontrolle über seinen Hund behalten und während er den Hund anschaut, schaut er unbewusst auch zum falschen Gerät. Ganz oft funktioniert es, dass der Hund zu Ihnen kommt, ohne ein falsches Gerät zu nehmen, wenn Sie einfach Ihre Füße anschauen. Versuchen Sie es – der Hund wird zu Ihnen kommen. Sie dürfen aber nicht schummeln und zum Hund schielen.
Soll der Hund von mir wegarbeiten, konzentriere ich mich auf das Gerät vor mir und fixiere auf keinen Fall meinen Hund.

Bewegung

Ihre eigene Bewegungsrichtung ist von Bedeutung. Gehen Sie immer in die Richtung, in die der Hund laufen soll. Wichtig ist, dass Ihr ganzer Körper in die gewünschte Richtung zeigt.
Mit der Laufgeschwindigkeit kann man dem Hund zudem wichtige Informationen geben. Laufe ich mit hohem Tempo, soll der Hund ebenfalls ein hohes Tempo vorlegen – sprich es geht geradeaus und hohes Tempo macht Sinn. Nehme ich Tempo raus, soll auch er sein Tempo anpassen und zum Beispiel eine Wendung machen.

Kommandos

Ein gut ausgebildeter Hund kennt verschiedene Kommandos, die uns die Führarbeit erleichtern. Wenn er beispielsweise ein Außen-/Hinten- oder Vor-Kommando selbstständig abarbeiten kann, können wir als Hundeführer schneller unsere aktuelle Position verlassen und uns neu positionieren. Aber Vorsicht: Das muss gezielt geübt werden. Der Hund wird im Zweifelsfall, wenn er nicht so gut ausgebildet ist, immer der Bewegung und Körpersprache des Menschen folgen. Deshalb versuche ich schon im Aufbau zu gewährleisten, dass solche Kommandos unabhängig von der Position des Hundeführers abgearbeitet werden können. Dasselbe gilt für Geräteerkennung: Ein Tunnel ist nun mal ein Tunnel und ein Slalom ein Slalom.

Die Arme und Hände

Viele Hundeführer zeigen relativ ungenau in irgendeine Richtung. Wenn man Hände und Arme benutzt, sollten diese jedoch wie ein Laserpointer fungieren und präzise Informationen geben. Soll der Hund bei uns bleiben, müssen auch Arme und Hände dicht am Körper bleiben. Soll der Hund vom Hundeführer weggehen, sollten die Hand und der Arm auch eine große Bewegung machen. Die Dynamik muss in die angezeigte Richtung gehen.

Handtarget
Tschig-tschig / Hand / etc.

Das Handtarget ist eines der wichtigsten Kommandos. Egal was vor seiner Nase steht oder was die Körpersprache des Hundeführers zeigt: Der Hund muss an der Hand bleiben. Im Training soll er auch immer wieder mit der Nase die Hand des Hundeführers anstupsen – egal, ob er sich dabei strecken oder bücken muss. Dies übe ich in ganz verschiedenen Situationen auch im Alltag: Wenn der Hund etwas anderes im Kopf hat, soll er erst meine Hand anstupsen und dann erst darf er los.

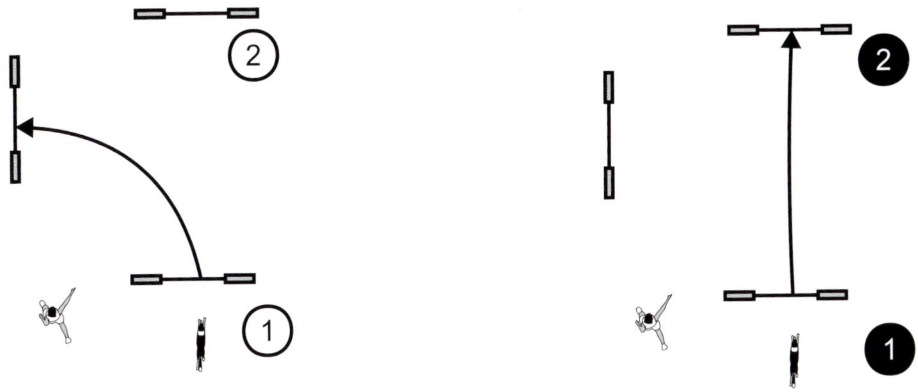

Der Hund arbeitet in einem »Wohlfühlkreis« um den Hundeführer herum. In dieser Situation sollte der Hund den Sprung geradeaus abarbeiten. Da aber der linke Sprung durch diesen »Wohlfühlkreis« abgedeckt ist und der Sprung geradeaus nicht, wird der Hund über diesen hüpfen, wenn der Hundeführer zu langsam ist.
Hat der Hund aber ein »Vor«-Kommando erlernt, weitet sich der Kreis ellipsenförmig nach vorne aus. Dadurch rückt der »richtige« Sprung für den Hund in den »Wohlfühlkreis«.

Steht zum Beispiel ein Tunnel geradeaus auf der Strecke, wäre es erwünscht, dass der Hund auf das Kommando »Tschigg-tschigg« nicht gleich in den Tunnel flitzt, sondern erst an die Hand kommt und dann auf das Kommando »Tunnel« in den Tunnel läuft. Im Training laufe ich manchmal absichtlich auf den Tunnel zu und der Hund soll auf mein Kommando einmal in den Tunnel gehen und das andere Mal an meiner Hand bleiben.
Üben Sie aber immer nur, was der Hund auch schon begriffen hat und beherrscht. Anfangs ist die Distanz zum Tunnel größer, mit der Zeit kann sie verringert werden.

Wie führe ich nun?

Grundsätzlich bewegt der Hund sich in einem Kreis um uns herum. Das ist bei den meisten Hunden ungefähr eine Stangenlänge. (Klar, die einen Hunde befinden sich etwas weiter weg, die anderen kommen enger. Je nach Kommando verkleinert oder vergrößert sich die Distanz auch.) Am Einfachsten für den Hund ist es, wenn wir uns im Kreismittelpunkt aufhalten. Erstens befindet der Hund sich dann im richtigen Galopp, zweitens schaut er auf das Gerät, das sich in unserer Richtung befindet.
Ich kann einen Parcours in viele kleine Halbkreise und Kreise einteilen. Wo immer ich kann, wechsle ich vor dem Hund, um im Kreismittelpunkt zu bleiben. Das ist für den Hund am einfachsten. Schaffe ich es aber nicht vor den Hund, muss ich hinter ihm wechseln, um so schnell wie möglich wieder in den Kreismittelpunkt zu kommen. Ob ich nun mit einem Frontwechsel oder blindem Wechsel ar-

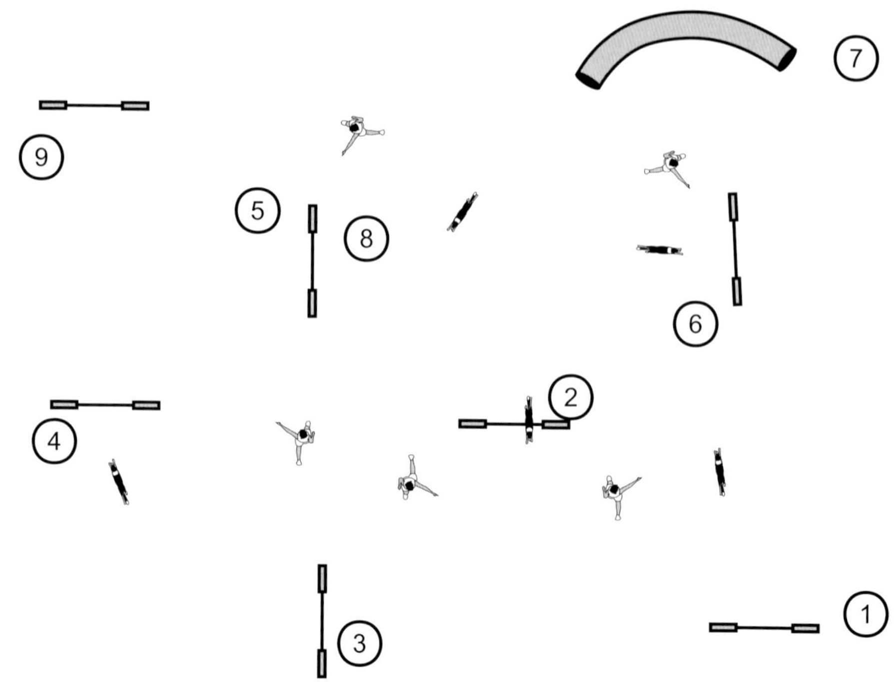

Der Hund arbeitet also in Halbkreisen um uns herum. Es ist für ihn am einfachsten, wenn sich der Hundeführer im Inneren des Kreises befindet, so findet er am schnellsten den Weg zum nächsten Gerät (natürlich können Sie den Hund auch anders ausbilden, dies hier ist jedoch der natürliche, logische Ablauf in den Augen des Hundes).
Wenn Sie sich nun immer im Inneren des Kreises bewegen möchten, heißt das, dass Sie zwischen 2 und 3 vor dem Hund wechseln sowie zwischen 5 und 6. Auch nach dem Tunnel wechseln Sie, bevor der Hund diesen verlässt, und nehmen diesen gleich am linken Bein mit. Der Hund wird Sie immer im Auge haben und somit sieht er auch immer gerade das nächste Gerät als logische Fortsetzung des Parcours. Durch das Verschieben der Halbkreise wird immer auch das nächste Gerät von diesem »Wohlfühlbereich« abgedeckt.

beite, kommt auf die Situation und die Konstellation Hund/Hundeführer an.
Der Hund kann sich nun einfacher nach vorne orientieren, weil er so den Hundeführer und die kommenden Geräte im Blickfeld hat. Gut ausgebildete Hunde haben jedoch auch kein Problem, wenn der Hundeführer hinter dem Hund kreuzt.

Je mehr Führungshilfen in die richtige Richtung zeigen, desto einfacher ist es für den Hund. Wenn die Füße in die eine Richtung und der Arm weit draußen in die andere Richtung zeigt und dann auch noch das Kommando falsch ist, wird es für den Hund schwierig, den richtigen Weg einzuschlagen.

Runnings versus 2/2

VII. Runnings versus 2/2

In diesem Kapitel werden die Vorzüge und Nachteile der jeweiligen Methode aufgezeigt und die beiden miteinander verglichen. Doch was bedeuten die beiden Begriffe überhaupt?

Runnings

Runnings bedeutet, dass der Hund gezielt im vollen Tempo die Zonen trifft. Früher war es oft so, dass der Hund mehr zufällig die Zonen traf. Heutzutage haben sich Ausbildungs-Systeme entwickelt, mit denen der Hund ganz genau weiß, wo er die Zone zu treffen hat.

Eine perfekt tief getroffene Zone, für mich ein Jackpot, d.h. der Hund erhält beim Futterautomaten Kekse und wird noch zusätzlich von mir mit einem ausgelassenen Spiel belohnt.

Folgende Methoden haben sich auf dem Laufsteg etabliert:

Stride-Regulation

Dem Hund wird der Ball geworfen und er trifft die Zonen, weil man ihm erklärt hat, wie viele Galoppsprünge (also Strides) er zu nehmen hat. Diese Methode hat sich leider nicht unbedingt als erfolgreich herausgestellt. Eine Planke kann nach Reglement zwischen 3,6 und 4,2 m Länge variieren. Das ergibt auf drei Planken eine Differenz von 1,5 m. Das ist extrem viel und deshalb muss, egal welches System man wählt, immer versucht werden, auf möglichst verschiedenen Laufstegen zu trainieren.

Was mir persönlich nicht gefällt: Der Ball wird immer geworfen; trifft der Hund nicht, wird nicht mit ihm gespielt, trifft er (egal wie tief) macht man eine »Riesengaudi«. Da der Hund immer mit vollem Tempo gearbeitet wird, bezweifle ich, dass er sich wirklich voll auf die eigentliche Aufgabe konzentrieren kann. Ist der Hund – aus welchem Grund auch immer – auf den ersten Turnieren langsamer, weil er vielleicht von der ganzen Atmosphäre beeindruckt ist, sind seine Galoppsprünge kürzer und er trifft die Zone nicht mehr. Dies führt zu Frustration beim Hundeführer, was für den Hund, der ohnehin etwas unsicher ist, überhaupt nicht förderlich ist.

Target

Der Hund muss erst einmal ohne Laufsteg lernen, das Target zu treffen (es ist idealerweise so groß wie der Abstand des untersten Zwischenraums zur ersten Klimmlatte) – und dies auch bei hohem Tempo. Bestätigt wird er mit dem Futterautomat, der in einiger Entfernung steht. Es ist wichtig, dass der Hund lernt, alle Winkel abzuarbeiten. Er soll geradeaus vom Hundeführer wegarbeiten. Zu Beginn wird der Futterautomat auf einer geraden Linie hinter dem Target platziert. Ich habe den Hund für jede Berührung geclickt; von mir weg gings dann zum Futterautomaten und zu mir her habe ich ihm den Keks gegeben oder geworfen.
Hat der Hund diese Übung begriffen, wechseln wir ab: Der Futterautomat steht dann in verschiedenen Winkeln hinter dem Target. Der Hund soll lernen, dass nicht der direkte Weg zum Automaten belohnt wird, sondern nur der Weg, auf dem er auch das Target berührt. Es sollen dabei sowohl wirklich 90-Grad-Winkel sein als auch engere und flachere Winkel. Am schwierigsten ist es sicher, wenn der Futterautomat nur ganz leicht versetzt vom Target steht.

Erst jetzt wird das Target auf die Zone gelegt und von hinten gearbeitet (Backchaining). Das heißt, dass der Hund erst nur einen kurzen Teil des Laufstegs abarbeiten soll. So ist das Tempo noch nicht zu hoch und es ist für den Hund einfacher, seine Aufgabe zu erledigen.
Nun kann man sich weiter nach oben arbeiten. Meist ist der kritische Punkt etwa die Mitte. Wenn diese Distanz passt, kann der ganze Laufsteg absolviert werden. Mit der Zeit werden auch Winkel nach dem Abgang eingebaut. Achten Sie darauf, dass Sie immer nur eine Schwierigkeit einbauen. Das heißt, wenn das Tempo höher wird, werden nicht auch noch Winkel am Ende verlangt.
Es empfiehlt sich, verschiedene Kommandos auf dem Steg zu geben. Auf ein »GoGoGo« weiß der Hund beispielsweise, dass er volles Tempo laufen kann und dass es nach dem Steg geradeaus geht. Bei dem Kommando »Links« – das der Hund schon ungefähr ab Mitte des Laufstegs erhalten muss, um auch das Tempo drosseln zu können – weiß er, dass es sich um eine 90-Grad-Kurve handelt. Erhält er ein weiteres Kommando, kann es nach dem Zonenhindernis in einem noch engeren Winkel weitergehen, d.h. der Hund muss noch enger »abbiegen«.

Wie groß das Target ist, hängt von der Philosophie des jeweiligen Trainers ab. Ich empfehle ein kleines Target, das nur den untersten Teil der Zone bis zur letzten Klimmleiste abdeckt. Es ist sicher ein Nachteil, dass das Target wieder abgebaut werden muss. Es dient als Hilfsmittel, das wir bei einem Turnier nicht verwenden dürfen. Hat der Hund aber irgendwann Probleme damit, die Zone zu treffen, legt man einfach wieder das Target hin und geht einen Schritt zurück.

Shaping

Beim Shaping geht es darum, dass der Hund selber herausfinden muss, was er zu tun hat. Man kann das Shapen bereits bei einem sieben Monate alten Hund anfangen, da der Aufbau ja sehr langsam erfolgt.

Beginnen können Sie mit einem einfachen Brett, das Sie auf eine Stufe, auf die Couch, aufs Bett etc. stellen. Definieren Sie vorher genau, wie der Hund die Aufgaben ausführen soll, d.h. welche Stellen er treffen soll. Diese Stellen sollten Sie sich mit einem farbigen Band markieren.

Wenn der Hund trifft, löst man den Futterautomaten aus. Der Hund arbeitet diese Aufgabe ab, egal wo der Futterautomat steht. Wichtig hierbei ist, dass man sehr konsequent ist und halbherzige Versuche einfach nicht gelten lässt, ansonsten wird der Hund nie verstehen, was von ihm verlangt wird.

Des Weiteren arbeitet man genau so, wie bei der Target-Methode, nur dass man eben keine Hilfsmittel abbauen muss. Dafür kann man aber auch nicht auf etwas zurückgreifen, wenn es mal nicht funktioniert. Wichtig ist, dass der Hund auch etwas »gestaut« wird (d.h. dass er »heiß gemacht« wird, zum Beispiel mit dem Kommando »Ready-Steady«, das er bereits kennt). So lernt er, die Aufgaben auch in einem höheren Tempo zu bewältigen.

Damit der Hund nicht einfach mit vollem Tempo über einen Steg rast, sollte man auch hier ein Kommando etablieren für geradeaus (hohes Tempo) zum Beispiel »GoGoGo« und eins um abzubiegen, zum Beispiel »Rechts«/»Links«. Dieses sollte der Hund schon vor der Abgangsplanke erhalten, damit er weiß, ob er sein Tempo beibehalten kann oder Tempo rausnehmen soll.

Anfangs soll der Hund nur mit wenig Anlauf eine tiefe Zone treffen. Er wird mit dem Futterautomaten belohnt.

Der Hund sollte zuerst lernen, motiviert auf den Futterautomaten zuzurennen, wenn er den Click oder Pieps hört. Er weiß dann, dass da Kekse auf ihn warten.

Später wird er immer höher angesetzt und auch etwas »gestaut«, damit er lernt, den gewünschten Teil aus einem höheren Tempo zu treffen.

Bei der Target- und Shaping-Methode kann die Abgangsplanke auch erst auf den Tisch gestellt werden. So hat der Hund noch nicht die volle Höhe und den steilen Winkel zu bewältigen. Hier sollte darauf geachtet werden, dass der Hund zum Beispiel erst um eine Stange rennt. Diese ist etwa 3–5 Meter vom Tisch entfernt. Nach der Umrundung läuft der Hund mit mehr Anlauf und Tempo auf den Tisch und die Abgangsplanke zu. Er soll damit lernen, auch in vollem Tempo die Aufgabe erfolgreich zu bewältigen.

Arbeitet man mit dem Futterautomaten muss dieser schließlich irgendwie abgebaut werden. Am einfachsten steht er am Anfang in gerader Linie in einiger Entfernung hinter einem niedrigen Sprung. Danach steht der Futterautomat hinter dem Tunnel, der direkt und gerade nach der Zone anzulaufen ist. Der Futterautomat wird mit der Zeit immer weiter weggestellt, verschwindet mehr und mehr und ist irgendwann komplett »abgebaut«.

Der Hund lernt, das Target zu treffen und anschließend durch zwei Ausleger zu rennen, die zu Beginn in einer Geraden aufgestellt wurden. Dies wird erst ohne Laufsteg erarbeitet. Beim erfolgreichen Absolvieren wird der Hund beim Hundeführer bestätigt. Er lernt auf diese Weise erst einmal, geradeaus zu arbeiten und richtet von Anfang an seinen Fokus nach vorne. Er braucht kei-

Obwohl der Futterautomat schräg von der Zone platziert wird, hat der Hund verstanden, dass er bis nach unten laufen soll und es sich erst dann lohnt, zum Futterautomaten zu gehen.

nen Futterautomaten vorne, somit muss eine Hilfestellung weniger abgebaut werden.

Wenn Sie »Runnings« wählen, müssen Sie auf jeden Fall trainieren, dass der Hund unterscheiden kann, wie es nach der Zone weitergeht. Diese Information muss er bereits erhalten, wenn er die Abgangsplanke erreicht, damit er genügend Zeit hat, das Tempo gegebenenfalls zu reduzieren. Der Hund soll auf jeden Fall lernen, das Ende und die folgende Sequenz selbständig abzuarbeiten, egal wo der Hundeführer sich befindet. Bereits mit dem Futterautomaten sollte er die Richtungskommandos lernen und trotzdem das gewünschte Kriterium zu erfüllen (egal ob mit Target oder über das Shapen). Damit ist gemeint, dass der Hund die Planke nicht schräg verlässt, sondern diese trotz des Winkels nach der Zone so weit unten trifft, wie Sie es festgelegt haben.

Wählen Sie die Variante des Trainings, die dem Hund am meisten liegt und bleiben Sie dabei.

2/2 bedeutet, dass der Hund gelernt hat, mit den Vorderpfoten auf dem Rasen und mit den Hinterpfoten auf der Zone zu stehen.

Diese Variante kann genauso schnell sein wie die Runnings, wenn der Hund nach dem Laufsteg abbiegen muss. Soll der Hund sich aber danach geradeaus orientieren, wird er mit den Runnings

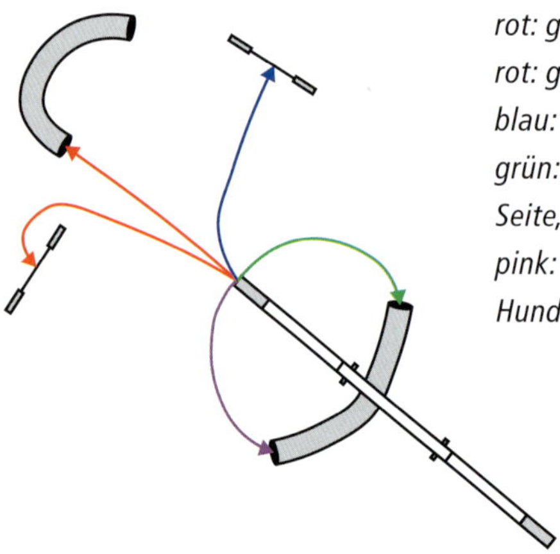

rot: go go go Tunnel
rot: go go go »Außen«
blau: rechts plus evtl. Hop, Sprung etc.
grün: re re re Tunnel (und zwar egal auf welcher Seite, der Hundeführer steht)
pink: li li li Tunnel (egal auf welcher Seite sich der Hundeführer befindet)

Einige Vorschläge für Kommandos, die ich gewählt habe.

immer viel schneller sein, da er ja nicht abbremsen muss, sondern im Gegenteil noch beschleunigen kann. Auch wenn der Hund mit 2/2 gleich ausgelöst wird, muss er bremsen, um eventuell stehen bleiben zu können, da er ja nie weiß, was von ihm auf der Zone wirklich verlangt wird.

Für läuferisch nicht so starke Hundeführer bedeuten aber Runnings, dass der Hund sehr gut ausgebildet sein muss, was die vorherigen und nachfolgende Geräte betrifft. Der Aufwand, Runnings auszubilden, ist sehr hoch, vor allem, wenn man bedenkt, was vorher und nachher dazugehört. Der Hund sollte die Sequenz vor und nach dem Steg selbstständig lösen können, ohne dass der Hundeführer beim Hund ist (es sei denn der Hundeführer ist enorm schnell).

Ich halte es allerdings für kaum möglich, dass man den Hund dahingehend ausbilden kann, alle Situationen vor und nach dem Steg und dazu noch die Runnings erfolgreich zu meistern, wenn man nur ein bis zwei Mal die Woche Zugang zum Steg hat.

Runnings versus 2/2 auf der Wand

Oftmals wird einem die Wand »geschenkt«, wenn man sich die Mühe gemacht hat, die Runnings über den Laufsteg aufzubauen.

Die Ausbildung 2/2 sollte aber auch mit Runnings-Hunden auf der Wippe erarbeitet werden.

Mein ältester Hund hat noch gelernt, auf allen drei Zonen in die gewünschte 2/2-Position zu gehen.

Target: Natürlich kann man die Wand genau wie den Steg mit einem Target aufbauen.
Shapen: Man kann die Wand auch shapen.
Stride-Regulator: Dafür braucht man eine oder zwei Schwimmnudeln, die man auf die Wand legt (die Stelle kommt etwas auf den Hund an). Nachteil ist hier wie beim Target, dass man diese Hilfsmittel abbauen muss, weil sie auf dem Turnier nicht erlaubt sind. Hat der Hund aber den Bewegungsablauf verinnerlicht, ist diese Variante sehr lohnend. Wichtig ist dabei, dass der Hund einen ganzen Galoppsprung auf der Abgangsseite der Wand macht.

Für große Hunde ist die 2/2-Methode auf der Wand eher ungesund. Da der Winkel zum Stehenbleiben extrem auf den Vorderbeinapparat geht. Wenn der Hund bei den Runnings aber die Zone nicht trifft und sehr hoch abspringt, ist auch diese Variante nicht gesund.

Es kommt auf die Ausbildungs-Philosophie an, ob die Wand anfangs tiefgestellt wird. Wer Runnings trainiert, geht in der Regel erst sehr spät das Training an der Wand an und lässt diese auf der vollen Höhe oder geht sehr schnell zur richtigen Höhe über.

Runnings auf der Wand sind läuferisch nicht allzu schwierig zu bewältigen, da die Wand nicht sehr lang ist. Selbst wenn einen der Hund überholt, kann in der Regel der Parcours noch bewältigt werden. Es könnte von der Distanz her auch ein Sprung sein und dann müsste man die Sequenz auch irgendwie lösen können.
Hier sei angemerkt: Wer nichts riskieren und sein Wissen zum Aufbau der Runnings vertiefen möchte, sollte einen Onlinekurs bei mir besuchen. An dieser Stelle alle Eventualitäten zu erläutern ist unmöglich.

Ich habe mehrere Hunde aufgebaut und finde, dass die Variante, von der man wirklich überzeugt ist, auch funktioniert. Es ist wichtig, nicht ständig die Ausbildungs-Varianten zu wechseln. Damit verunsichert man den Hund. Hier ist Konsequenz gefragt. Lassen Sie nicht etwas einmal gut sein und beim nächsten Mal wird der Hund dafür getadelt. Haben Sie Ihre Kriterien bewusst definiert und bestätigen Sie diese konsequent, wird der Hund diese verstehen lernen.
Das ist jedoch nicht nur speziell bei Runnings so, sondern ist bei der Methode 2/2 genauso wichtig – wie bei allen anderen Dingen, die der Hund lernen soll.

Hunde mit Runnings auf der Wand haben gelernt, den Scheitelpunkt zu überspringen, einen vollen Galoppsprung zu absolvieren und dabei die Zone zu treffen.

Die Arbeit an den Geräten

VIII. Die Arbeit an den Geräten

Beim Aufbau jedes Gerätes sollte darauf geachtet werden, dass es immer auf beiden Seiten gearbeitet wird. Bei den ersten Versuchen ist es zudem wichtig, dass der Hund unmittelbar vor dem Gerät platziert wird. Je geringer die Distanz zum Gerät, umso weniger Fehler wird der Hund machen. Am Anfang wird er vermutlich versuchen, am Gerät vorbeizulaufen, um zu seiner Belohnung zu gelangen.

Der Hund soll langfristig lernen, jede gestellte Aufgabe selbstständig auszuführen. Dazu braucht es entweder sehr viel Aufwand, das Spielzeug auszulegen, damit es auf ein Kommando aufgenommen wird. Oder der Trainer hilft mit, den Fokus des Hundes nach vorne auf das Gerät zu erhalten, sodass dieser nicht nur den Hundeführer anschaut. Wenn der Trainer in der Verlängerung des Gerätes steht, fällt es dem Hund leichter, sich auf das Gerät zu fokussieren statt sich am Hundeführer zu orientieren. Nach und nach werden mehrere Geräte zusammengehängt und der Hund wird vom Trainer (zum Beispiel am Ende des Laufsteges) belohnt. Auch der Futterautomat wird immer am Ende von zusammenhängenden Geräten hingestellt. Sobald dann eine Kurve eingebaut wird und sich Trainer, Spielzeug oder Futterautomat in einer Verlängerung einer Richtung befinden, in die der Hund **nicht** gehen soll, lernt er automatisch, dass er erst die Geräte abarbeiten soll, die ihm sein Teampartner anzeigt, und erst danach zum Trainer, Spielzeug oder Futterautomaten darf.

Noch eine kleine Exkursion ins Clickertraining: Der Clicker kann sehr präzise ein Verhalten bestätigen, dazu sollte der Hund aber auch die Verknüpfung zum operanten Training verstanden haben. Stellen Sie sich vor den Hund; Ihre Hände sind gefüllt mit Keksen. Auf jedes Click folgt ein Keks, einmal aus der linken Hand, einmal aus der rechten Hand etc. Der Hund soll erst einmal lernen, dass das Geräusch mit Belohnung verbunden ist. (Sie können auch ein sogenanntes Markerwort benützen, meines dazu ist »Yes«). Der Hund stellt nun die Verknüpfung her, dass auf das Markerwort oder den Click ein Keks folgt. Somit wurde der Hund nun klassisch konditioniert und es kann mit dem Clicker gearbeitet werden.

Tunnel

Der Tunnel ist ein Gerät, das eigentlich alle Hunde mögen. Es ist wichtig, dass der Tunnel eine gute Qualität hat und rutschfest ist und ein gutes Befestigungssystem besitzt. Die Investition lohnt sich und es gibt einige Anbieter, die sich dazu viele Gedanken machen. Ich kann die Firma www.schauenburg-agility.de wärmstens empfeh-

len. Beim Aufbau des Tunnels wähle ich anfangs eine gerade Ausführung. **Achtung:** Der Tunnel sollte immer gut befestigt werden.

So beginnt das Training: Trainer und Hund befinden sich vor dem Tunnel. Der Hund wird am Halsband oder Geschirr festgehalten. Der Hundeführer geht zum Ausgang des Tunnels und ruft den Hund freudig und motivierend zu sich. Sobald der Hund beim Hundeführer angekommen ist, wird er mit einem Keks für seinen Mut belohnt. Es gibt ganz wenige Hunde, die sich vor dem Tunnel fürchten. Sollte der Hund sich nicht reintrauen, dann kann er etwas verkürzt werden und der Hundeführer kann seinem Hund von der anderen Seite entgegenkriechen. Die meisten Hunde kennen allerdings einen Tunnel schon aus der Welpen- oder Junghundezeit und verbinden nichts Negatives damit.

Im nächsten Schritt hält der Hundeführer den Hund vor dem Tunnel fest, der Trainer steht am Tunnelende. Sobald der Hund seinen Fokus nach vorne zum Tunnel richtet, wird er vom Hundeführer mit dem Kommando »Tunnel« in den Tunnel geschickt. Der Trainer bestätigt den Hund am Ende entweder mit einem Spielzeug oder – wenn der Hund nicht spielen möchte – mit einem Keks am besten in einem Beutel, da dieser wenigstens ein bisschen geworfen werden kann.

Wenn das sitzt, hält der Hundeführer den Hund nicht mehr fest. Der Hund soll lernen, vor dem Tunnel zu warten, bis der Hundeführer ihm den Tunnel mit dem Kommando frei gibt. Der Hund wird immer für das erfolgreiche Absolvieren vom Trainer bestätigt.

Nun wird die Distanz zum Tunnel vergrößert und er wird langsam gebogen. Achten Sie bitte darauf, dass immer nur eine neue Schwierigkeit dazukommt.

In dieser Phase sollten außerdem Wechsel hinter dem Hund geübt werden. Auch die Anlauf-Winkel zum Tunnel können mit der Zeit verändert werden, d.h. der Tunnel steht nicht immer geradeaus. Dabei sollte es keine Rolle spiele, auf welcher Seite der Hundeführer steht. Vergessen Sie auch die »versteckten« Eingänge nicht, d.h. dass der Hund von der Außenseite des Tunnels zum Eingang geschickt wird. Meistens geht das recht gut, solange der Hundeführer steht; wenn er sich aber bewegt und in eine Richtung rennt, kann der Hund sich nicht mehr auf seine Aufgabe konzentrieren. Es ist jedoch notwendig, dass der Hund lernt, sich vollständig auf seine Aufgabe zu konzentrieren, ganz egal, was der Hundeführer tut.

Wichtig ist auch, dass der Hund bereits im Tunnel weiß, wo es danach draußen langgeht. Nur so kann er das Tempo regulieren. D.h. sobald der

2

3

Der Hund soll lernen, die Eingänge selbständig zu suchen.

Auch wenn sich der Hundeführer bewegt, sollte der Hund den Eingang ganz alleine suchen.

Hier schaut der Hund zur Hundeführerin und verpasst so den Tunneleingang. Gehen Sie in solch einem Fall einen Schritt zurück. Bewegen Sie sich nicht so schnell. Wenn's langsamer geht, bekommt der Hund das Gefühl, als hätte er zur Erledigung seiner Aufgabe Zeit.

Hund in den Tunnel läuft, sollte er das Kommando »Vor« erhalten, wenn es danach geradeaus weitergeht.

In diesem Ausbildungsstadium sollte der Hund auch erklärt bekommen, ob er links bzw. rechts nach dem Tunnel abbiegen soll. Er muss zudem lernen, ganz eng aus dem Tunnel zu kommen. Dazu sollte er ein spezielles Kommando – zum Beispiel »Eng« – kennenlernen. Um das zu verinnerlichen, zeige ich dem Hund das Spielzeug oder den Futterbeutel und lege es/ihn in die Mitte des Tunnelausgangs. Dann wird der Hund in den Tunnel geschickt und mit dem Kommando »Eng« unterstützt. Wenn der Hund nun eng aus dem Tunnel kommt und sich auf das Spielzeug zubewegt, freuen Sie sich lautstark und spielen mit ihm. Dann wird der Hund aus allen erdenklichen Winkeln in den Tunnel geschickt, einmal geht's geradeaus, einmal links, ein anderes Mal rechts und immer wieder eng, wobei der Hund mit der Zeit nicht mehr im Voraus weiß, wo das Spielzeug ist (siehe Aufbau Junghund mit Geräten).

Auch wenn der Hundeführer nicht im Innenkreis läuft, sucht sich der Hund den Eingang.

Sacktunnel

Der Eingang des Sacks ist dem Tunneleingang sehr ähnlich. Der Hund muss jedoch lernen, durch ein zweites Teil (den Sack) durchzuschlüpfen. Er muss sich den Ausgang alleine suchen und befindet sich dabei im Dunkeln. Je schneller der Hund durch den Sack läuft, umso schneller sieht er wieder was. Wichtig ist, dass der Hund lernt, gerade durch den Sack zu laufen und sich nicht mit dem Tuch abzudrehen. Für einige Hunde ist es etwas unbequem, dass sie mit dem Kopf das Tuch wegschieben müssen.

Eine Übung, sollte der Hund das nicht mögen: Hängen Sie ein Laken über einen Stuhl und stellen Sie den Futternapf dahinter. Der Hund soll nun, um zum Futternapf zu gelangen, das Laken zur Seite schieben. So verliert er langsam die Scheu davor.

Am Anfang ist es wichtig, dass das Spielzeug etwas geworfen wird, damit der Hund lernt, dass er mit dem Kopf tief aus dem Tuch rauskommen soll. Es gibt Hunde, die werfen das Tuch mit dem Kopf nach oben. Wenn das Tuch des Sacktunnels nass ist, ist das Risiko da, dass der Hund sich darin verheddert.

Da der Hund mittlerweile den Trainer als wandelnde Wursttheke oder Spielzeugverwalter kennengelernt hat, fangen wir gleich damit an, dass der Hundeführer den Hund unmittelbar vor dem Sackeingang platziert und ihn am Halsband festhält. Der Übungsleiter bewegt sich mit dem Spielzeug zum anderen Ende des Sackes und hebt das Tuch so weit wie möglich hoch. Der Hundeführer lässt den Hund erst dann los, wenn er den Trainer am anderen Ende anschaut. Der Hund wird nach der erfolgreichen Bewältigung der Aufgabe gelobt – wie gehabt mit einem kurzen Spiel oder mit Futter.

Im nächsten Schritt wird die Distanz zum Sacktunnel erweitert. Bitte achten Sie darauf, dass der Winkel nicht zu eng wird, es gibt immer wieder Hunde, die sich im Eingang verletzen. Der Trainer achtet nun bei jedem Durchgang darauf, das Tuch immer weiter abzusenken, bis der Hund das letzte Stück ohne Aufhalten absolvieren kann. Klappt das alles problemlos, hebt der Trainer das Tuch nur noch an, wenn er den Hund ruft, und lässt es danach fallen.

Wenn der Hund die Tendenz entwickelt (obwohl er immer geradeaus bestätigt wurde), seitlich aus dem Sack zu kommen, sollte sich der Trainer ans seitliche Ende des Stoffteils begeben, in die Hocke gehen und den Stoff am Ende festhalten. So spürt der Hund einen Widertand und lernt auf diese Weise, dass er immer geradeaus aus dem Sacktunnel kommen soll.

Achtung: Der Trainer sollte sich weder direkt hinter den Ausgang stellen, noch auf die Seite, auf der der Hundeführer läuft, sonst könnte es passieren, dass der Hund ihm in die Beine rennt.

Hürde (Sprung)

Der Hundeführer setzt den Hund vor die Hürde und hält ihn am Halsband fest. Sobald der Hund die Hürde absolviert hat und die Distanz etwas vergrößert werden konnte, platziert der Hundeführer den Hund gerade vor den Sprung und stellt sich seitlich so hin, dass er selbst geradeaus am Sprungausleger vorbeikommt. Der Hund sollte im weiteren Training in verschiedenen Winkeln vor die Hürde gestellt werden. Der Trainer steht dabei immer in gerader Linie hinter dem Sprung. Sobald der Hund die Hürde absolviert hat, wird er belohnt. Nun wird ein zweiter Sprung dazugestellt. Versuchen Sie Höhe und Distanzen von Anfang an zu variieren, damit der Hund hier flexibel wird.

Die Hürde kann auch vor und nach einem Tunnel stehen. Meist ist es so, dass der Hund Sprung – Tunnel, Sprung – Laufsteg etc. absolviert. Aus diesem Grund ist es wichtig, dass der Hund immer wieder für das Bewältigen der Sprünge bestätigt wird.

Die Sprünge werden im weiteren Trainingsverlauf in Winkeln aufgestellt. Erstmal nur in einem 45-

Der Hund soll lernen, in verschiedenen Winkeln einen Sprung zu absolvieren. Beim diagonalen Springen ist der Hund viel länger in der Luft, als wenn er den Sprung gerade nehmen würde.

Grad-Winkel, dann immer weiter über 90 Grad bis zu 180 Grad.
Stellen Sie sicher, dass Sie mit der Höhe nicht zu schnell nach oben gehen. Näheres dazu finden Sie im Kapitel Sprungtechnik.
Es ist wichtig, dass der Hundeführer den Hund aus den verschiedensten Winkeln über eine Hürde senden und ihn auch abrufen kann. Verschiedene Sprungkombinationen finden Sie im Abschnitt Trainingssequenzen.

Doppelhürde (Doppelsprung)

Leider ist es so, dass mit den Hunden im Training selten Doppelhürden geübt werden. Ich beginne damit, sobald der Hund die normalen Sprünge auf voller Höhe arbeitet. Ich stelle dann einfach den zweiten Sprung dahinter. Dieser hat natürlich noch weniger Abstand als beim Wettkampf. Nach erfolgreichem Absolvieren werden die Hürden immer weiter auseinandergestellt, bis die normale Wettkampfabmessung erreicht ist. Als ehemalige Springreiterin weiß ich, wie schwierig es für ein Tier ist, zwischen Sprung und Doppelsprung zu unterscheiden und dass beide völlig anders »angeritten« werden müssen. Ich setze dazu das Kommando »Hoch« oder »Jump« ein. Je nach Situation kann es sein, dass der Hundeführer kurz vor der Doppelhürde dem Hund noch im Weg herumturnt und es dem Hund so unmöglich macht, sie sich anzusehen. Wichtig ist, dass der Hund das Kommando früh genug erhält, um sich optimal auf das Gerät einzustellen. Er sollte nach dem Kommando noch die Möglichkeit haben, sich einen idealen Absprungpunkt zu suchen.

Damit der Hund sich nicht verschätzt ist es sinnvoll, ein spezielles Kommando dafür einzusetzen.

Mauer

Wem keine Mauer zur Verfügung steht, kann auch eine Decke über zwei Sprünge legen, um damit die Breite einer Mauer zu erzeugen.

Die Mauer wird wie die Hürde angelernt. Ab und zu gibt es Hunde, die auf der Mauer abstehen, was dann oft zur Folge hat, dass ein Mauerteil runterfällt. Um das zu unterbinden, muss der Trainer dicht an der Mauer stehen, den Hund ansprechen, »eine Gaudi machen« und mit dem Spielzeug nach vorne wegrennen, wenn der Hund über die Mauer geschickt wird. Der Hund beschleunigt, streckt sich und springt über die Mauer, ohne abzustehen. Sollte das nicht helfen, kann eine zusätzliche Stange zwischen den Türmen eingeklemmt werden. Sie sollte sich ungefähr 2 cm über den Mauerziegeln befinden. So wird dem Hund gezeigt, dass er darüber springen soll. Bei einer Stange weiß er ja, dass er nicht abstehen darf.

Zum Glück haben sich heute die Softmauern etabliert, bei denen sich die Hunde nicht so weh tun können wie früher.

Weitsprung

Beim Weitsprung muss der Hund, wie der Name schon sagt, in die Weite springen und nicht wie bei der normalen Hürde in die Höhe. Angefangen wird mit nur einem Element inklusive der seitlichen Begrenzungsstangen. Der Hund wird wie gehabt vom Hundeführer festgehalten und vom Trainer beim richtigen Absolvieren bestätigt. Im nächsten Schritt wird der Hund vor dem Weitsprung platziert und der Hundeführer führt den Hund aus verschiedenen Positionen und leichten Winkeln (bis maximal 45 Grad) über den Weitsprung. Nach und nach werden die anderen Elemente dazugelegt, erst eng und immer mehr auch auf die Wettkampfdistanz erweitert.

Achtung: Im Training sollte darauf geachtet werden, dass der Weitsprung auch mal in einer unbequemen Situation steht (danach abbiegen, nahe der Hallenwand etc.). Er sollte auch nicht nur auf der Minimumdistanz stehen, sondern auch immer wieder auf Maximumdistanz (also 1,5 m bei den Large-Hunden). Hier muss der Hund lernen, dass er nicht einfach nur weit fliegen soll, sondern dass er unter Umständen auch eng nach dem Weitsprung wenden muss.

Sollte der Hund bei schwierigen Übungen seitlich aus dem Weitsprung hinausspringen (ihn also nicht beenden), können zwei Ausleger als Hilfe dazugestellt werden. In diesem Fall würde ich den Hund erst gerade springen lassen, damit er auch sieht, dass da jetzt zwei Ausleger den Weg zum Schrägspringen verbauen (damit dort keine Unfälle passieren können). Hier mache ich dasselbe wie beim Tunnel: Ich lege das Spielzeug in die Mitte des Weitsprungs und verbarrikadiere diesen mit den zwei Auslegern. Mit dem Kurzspringkommando motiviere ich den Hund, möglichst nahe nach dem Weitsprung zu landen, um die Kurve eng zu erwischen.
Ich variiere die Weite: einmal eng, dann wieder weit. So weiß der Hund nicht, was kommt, und wird beim richtigen Absolvieren jubelnd belohnt. Statt der zwei Ausleger benutze ich Absperrungen aus dem Hoopers. Diese sind für den Hund etwas besser zu erkennen und aus einem weicheren Material, das Verletzungen verringert, wenn der Hund doch einmal versehentlich reinspringt.
Auch hier sollte der Hund wieder lernen, dass er vertrauensvoll den Weitsprung springen kann, wenn er alleine darüber gesandt oder über dem Weitsprung abgerufen wird.
Fällt der Weitsprung dem Hund am Anfang schwer und er berührt die einzelnen Elemente, stelle ich

in der Mitte einen Sprung hin, die Sprunghöhe einige Zentimeter über der Höhe des Weitsprungs. Da er weiß, wie er den normalen Sprung überwinden soll, wird er die Weitsprungelemente dabei »mitnehmen«. Nun wird der Hund ausgiebig belohnt und hat sein unerwünschtes Verhalten bald abgelegt.

Reifen/Pneu

Ich setze nur noch einen Reifen ein, der sich öffnet, so ist die Gefahr einer Verletzung beim falschen Anspringen des Reifens ausgeschlossen.

Der Hundeführer sollte bei diesem Gerät nicht frontal zum Hund stehen, sondern etwas seitlich von ihm, damit er Platz zum Durchspringen hat. Dabei ist es wichtig, dass die Hand mit Futter oder dem Spieli mittig vor dem Reifen platziert wird.

Der Trainer hält den Hund so fest, dass er keine Chance hat, seitlich am Reifen vorbeizuspringen. Natürlich ist dabei der Reifen auf der untersten Stufe. Ich benutze beim Reifen bewusst nicht dasselbe Kommando wie beim Sprung, damit der Hund sich voll auf den Reifen zu konzentrieren kann, da dieser schwieriger zu absolvieren is,t als ein einfacher Sprung. Außerdem lernt er so die Geräteerkennung (das heißt, er weiß schließlich, für welches Gerät Sie welches Kommando benutzen). Sollte sich ein Hund (vor allem ein Small-Hund, der meist schon gleich die Wettkampfhöhe absolvieren muss) vor dem Reifen fürchten, kann anfangs auch ein kleiner Hula-Hoop-Reifen benutzt werden. So kann man zuhause etwas üben.

Wenn der Hund nun einige Male durch den Reifen gesprungen ist, stellt sich der Trainer seitlich nach vorne, schaut den Hund durch den Reifen an und motiviert ihn von diesem Standort aus zum Durchspringen. Dies macht man vor allem bei den Reifen, die nur zwei Stufen zum Verstellen haben. Wenn der Reifen dann auf Large-Höhe eingestellt ist, sollte der Trainer wieder Hilfestellung geben. Bei manchen Hunden lohnt es sich, beim Reifen schneller in die Höhe zu arbeiten, als bei den

Weitsprung

Der Reifen

Sprüngen. Der Grund dafür ist, dass der Reifen möglicherweise zu niedrig ist und ihn die Hunde mit dem Rücken berühren.

Auch hier soll der Hund lernen, das Gerät aus verschiedenen Winkeln zu springen. Ich mache diese Übungen aber nur mit dem Reifen und ohne Tempo. Wenn der Hund im Parcoursverlauf nicht optimal springt, eine Linie nicht erwischt und schräg auf den Reifen zukommt, hat er keinerlei Chancen, dies zu korrigieren, wenn er es nie erlernt und geübt hat. Das Verletzungsrisiko ist dabei zweifellos hoch. Auch wenn man Reifen nicht mehr oft auf den Turnieren antrifft, ist es doch wichtig, dass der Hund schon im Training verschiedene Situationen geübt hat. (Vergleichbar einem Antischleudertraining beim Autofahren: Auch hier lernt der Autofahrer im Training, mit den verschiedensten Situationen umzugehen.)

Slalom

Wir beginnen mit dem Gassenslalom und den Bögen. Die beiden Slalomteile werden so hingestellt, dass die Distanz dazwischen etwa einen Meter beträgt. Die Bögen werden ungefähr auf Schulterhöhe des Hundes am Slalom fixiert. Der Hund wird hingesetzt und der Hundeführer geht durch die Gasse ans Ende des Slaloms. Der Trainer hält den Hund vor dem Slalom fest und der Hund wird nun vom Hundeführer mit dem Kommando »Slalom« zu sich gerufen. Der Hundeführer lockt den Hund mit dem Spielzeug oder mit etwas Futter zu sich. Er bewegt sich dabei rückwärts vom Slalomausgang weg und motiviert so den Hund, möglichst schnell durch die Gasse zum Hundeführer zu laufen. Sobald der Hund die Gasse durchlaufen hat, wirft der Hundeführer das Spielzeug weiter in Laufrichtung des Hundes. Dann spielt er

Der Hund hat seinen Fokus voll auf den Eingang gerichtet. Er hat gelernt, den Slalom selbstständig zu erarbeiten.

kurz mit dem Hund. Der Hund wird anschließend wieder vor die Gasse gesetzt und der Trainer steht am Ende des Slaloms. Nun läuft der Hundeführer abwechselnd rechts oder links neben dem Slalom mit, und der Hund wird vom Trainer am Ende der Gasse motiviert und zu einem möglichst schnellen Durchlaufen angespornt. Wichtig dabei ist, dass der Hund seinen Blick von Anfang an nach vorne richtet und sich nicht nach seinem Hundeführer umdreht. Also muss die Belohnung am Ende der Gasse groß sein. Die meisten Hunde reagieren gut, wenn man sie mit ihrem Lieblingsspielzeug anlockt und es dann wirft, wenn sie den Slalom beendet haben. Hunde, die weniger interessiert an Spielzeug sind, kann man mit einem besonders guten Leckerchen ködern, zum Beispiel mit Leberwurst. Wichtig ist, dass der Hund immer nur belohnt wird, wenn er das Gerät korrekt absolviert hat. Hunde, die außerhalb der Gasse durchrennen, um möglichst schnell an ihre Belohnung zu kommen, lernen so sehr rasch, dass es keine Belohnung für das Umgehen des Gerätes oder für das Unterlaufen der Hilfsbögen gibt.

Die Gasse wird nun bei jedem Durchlaufen ein bisschen enger zusammengeschoben, bis der Hund die Stangen links und rechts mit den Hüften leicht berührt. In dieser Position bleibt die Gasse

nun etwas länger. Das kann auch schon mit jungen Hunden geübt werden, da sie ja nur geradeaus laufen können. Wichtig ist, dass bereits an diesem Punkt des Trainings verschiedene Eingänge geübt werden. Alternativ kann statt der Bögen auch mit kleinen Gartenzäunen gearbeitet werden. Mit denen wird verhindert, dass der Hund überhaupt Fehler machen kann. Jedoch gilt: Je mehr Hilfsmittel eingesetzt werden, desto mehr Bögen oder ähnliche Hilfsmittel muss man auch wieder abbauen.

Wir üben nun alle erdenklichen Slalomeingänge. Wir trainieren auch, den Slalom abzuarbeiten, egal wo sich der Hundeführer befindet und was er tut.

Auch mit der Gassenmethode wird es für den Hund schwierig, wenn der Slalom ganz geschlossen wird. Es gibt eine Übergangsphase, die für den Hund extrem schwierig wird. Hat er anfangs gelernt, einfach durchzuflitzen, soll er sich nun um die Stangen biegen. Egal wie langsam die zwei Slalomschienen einander nähergebracht werden – sobald diese ganz zusammen stehen, haben die meisten Hunde ein Problem.

Deshalb fangen viele schon mit dem geschlossenen Slalom an. Dieser wird entweder mit »Gartenzäunchen« oder Bögen als Hilfsmittel unterstützt. Die Bögen werden so an den Slalomstangen befestigt, dass der Hund den Weg durch die Stangen ganz einfach findet.

Zu Beginn ist es wichtig, dass der Hund an der Leine geführt wird, damit er nicht ständig »raushüpft«. Der Hundeführer muss die Leine kurz halten, damit sie sich nicht verheddern kann. Der Trainer kann anfangs behilflich sein, indem er dem Hund Kekse vor die Nase hält und ihn so ermutigt, den Slalom zu bewältigen. Die ersten ein oder zwei Mal bekommt der Hund auch einen Keks im Slalom, zusätzlich wird er durch den Futterautomaten am Ende des Slaloms bestätigt. Damit ist der Fokus schon von Beginn an nach vorne gerichtet. In einem nächsten Schritt lässt man die Leine weg und danach wird der Trainer immer weniger helfen. In der Regel führt das Training im Slalom recht schnell zum Erfolg. Nach einigen wenigen Durchgängen hat der Hund verstanden, dass es gilt, im Slalom zu bleiben und nicht zu schummeln.

Bei einer anderen Methode werden die einzelnen Stangen aufgebaut. Diese Methode kann gut zu Hause mit einem Steckslalom erarbeitet werden. Die ersten zwei Stangen werden nebeneinander aufgestellt. Der Abstand darf ruhig noch etwas breiter sein, als später im tatsächlichen Slalom. Der Hund wird gerade durch das Tor geschickt. Es wird immer geclickt, sobald der Kopf des Hundes die Torlinie passiert. Dies wird auf beiden Seiten geübt. Mit der Zeit wird der Hund immer schräger platziert, so dass die beiden Stangen quasi die Linie des Slaloms ergeben. Wenn der Hund das gut macht, wird eine dritte und eine vierte Stange dazugesteckt und zwar so, dass es für den Hund zwei Tore ergibt, bei denen man einfach gerade durchrennen kann. Sobald der Hund mit dem Kopf das zweite Tor passiert hat, wird geclickt. Nun

Hier ist ersichtlich, wie sehr der Hund sich im Slalom verbiegen muss. Aus diesem Grund ist es ratsam, das Gerät mit Bedacht zu üben.

werden die Stangen immer enger gesteckt, so dass mit der Zeit eine Linie entsteht. Nach und nach werden die Stangen auch in der Wettkampfdistanz hingestellt und der Hund wird von allen Seiten und in nverschiedenen Winkel in den Slalom geschickt. Wenn er erst einmal dieses Hindernis komplett geschafft hat, können bald ohne große Schwierigkeit weitere Stangenpaare dazugesteckt werden.

Diese Trainingsmethode ist vor allem deshalb so gut geeignet, weil der Steckslalom relativ einfach auf einer Wiese aufgebaut werden kann. Leidergibt es aber Probleme, wenn der Hund später Fehler im richtigen Slalom macht. Hier kann man nicht einfach auf Bögen oder andere Hilfsmittel zurückgreifen, sondern man muss wieder auf den Steckslalom zurückkommen. Kommt der Hund zum Beispiel zu früh aus dem Slalom, werden die Stangen hinten einfach wieder seitlich der Linie gesteckt. So muss der Hund am Ende nur gerade durchlaufen. Hat er das begriffen, werden die Stangen wieder auf die Linie gebracht. Wieder wird der Hund nach dem Slalom mit dem Futterautomaten bestätigt, damit er der Fokus nach vorne richtet.

Wir bauen noch Ablenkungen ein.

Hier einige Beispiele:

- Zwei Hilfspersonen spielen Ball über den Slalom hinweg, während der Hund durch den Slalom läuft.
- Wir legen einige Dinge am Slalom entlang aus: Spielzeug, Ball, ein Stück Wurst, ein batteriebetriebenes Spielzeug.
- Eine Hilfsperson durchquert den Slalom, während der Hund durchläuft.
- Der Hundeführer strauchelt absichtlich, während er am Slalom entlangrennt.
- Der Hundeführer rennt in die entgegengesetzte Richtung (also dem Hund entgegen).
- Der Hundeführer läuft neben dem Hund her und lässt das Spielzeug absichtlich herunterfallen.
- Während der Hund durch den Slalom läuft, wird einem anderen Hund das Spielzeug in Richtung des Slaloms geworfen.
- Hilfspersonen stellen sich mit gegrätschten Beinen zwischen die Slalomstangen – ein gut ausgebildeter Hund absolviert mit hohem Tempo durch die Beine der Hilfspersonen trotzdem fehlerlos das Gerät.

Hunde können im Slalom auf verschiedene Weise arbeiten: Die einen zeigen eher eine »Hüpfmethode« mit beiden Beinen gleichzeitig, andere stoßen sich seitlich einbeinig ab.

Das Kreuzen hinter dem Hund muss auch beim Slalom geübt werden. Viele Hunde ertragen das nur, wenn der Hundeführer nicht in einem extremen Winkel kreuzt, d.h. die Hunde müssen erst auf eine relativ gerade Linie gedrückt werden, dann kann das Kreuzen erfolgen. Der Hund soll zudem »ertragen«, dass der Hundeführer in die Gegenrichtung läuft und kreuzt. Das Training ist am Ende eine Fleißarbeit.

Laufsteg

Hier kommt es darauf an, ob ich Runnings aufbaue oder die 2/2-Methode verwende. Bei der 2/2-Methode steht der Hund mit den Vorderbeinen auf dem Rasen und mit den Hinterbeinen auf dem Gerät. Egal welche Methode ich nutze, ich baue immer von hinten auf (Backchaining, d.h. dass der Hund erst das Endverhalten zeigt und dann Schritt für Schritt an dieses herangeführt wird).

2/2-Methode: Damit der Hund nicht mit der Hinterhand seitlich vom Steg kippt und zur Seite herunterfällt, stelle ich links und rechts zwei Ausleger hin. Vor dem Laufsteg steht der Trainer mit einem Target und motiviert den Hund, um den Ausleger herum auf die Zone zu kommen und beim Target anzuhalten. So kann der Hund sich an den »Trichter« gewöhnen, der durch die Ausleger erzeugt wird. Später veranlassen sie den Hund dazu, etwas Tempo herauszunehmen, damit er unten bei der Zone besser bremsen kann.

Wie in der Fotoserie auf der nächsten Seite beschrieben, sieht der Aufbau der **Runnings** aus. Der Hund lernt, den Abgang nur mittels eines Bretts, das beispielsweise an die Couch gelehnt wird, zu treffen. In gerader Linie dahinter steht der Futterautomat. Wenn Sie draußen trainieren, stellen Sie bitte den Abgang auf den Agility-Tisch oder etwas ähnlich Rutschfestes (zum Beispiel zwei Paletten mit einem rutschfesten Teppich versehen).

Zu Beginn arbeitet der Hund nur ein winziges Stück den Steg herunter; am Ziel wird er immer mit dem Futterautomaten bestätigt. Parallel dazu stellen wir den Futterautomaten schon mal seitlich hin. Der Hund soll jedoch nicht einfach auf direktem Weg auf diesen zulaufen, sondern erst seine Aufgabe erledigen. Feuern Sie Ihren Hund

Das Slalomungeheuer

an oder sorgen Sie für etwas »Triebstau«, indem Sie ihn am Halsband festhalten. Er soll lernen, auch aus höherer Geschwindigkeit zu treffen. Genau so gehen wir auch beim Üben des normalen Laufstegs vor. Erst soll der Hund nur ein kleines Stück absolvieren und dann immer weiter nach vorne arbeiten. Auch hier sollte er lernen, mit viel Schwung über den Steg zu rennen, und trotzdem das Target oder den gewünschten Abschnitt zu treffen. Bleiben Sie beim Bestätigen wirklich konsequent: Nur das **genau** Richtige wird belohnt. Beim Aufgang stelle ich die Weitsprungstangen hin. So lernt der Hund von Anfang an, den Steg immer gerade anzulaufen und nie seitlich hochzuspringen. Was hier sehr kurz beschrieben ist, dauert aber in der Umsetzung sehr lange.

Unterschätzen Sie die Schwierigkeit der Runnings nicht. Sie sollten schon fast jeden Tag Zugang zu den Geräten haben, damit sie diese Übung wirklich aufbauen und perfektionieren können. Rückschritte wird es immer geben. Wenn man beispielsweise intensiv das Abbiegen übt, werden die Treffer nach vorne wieder etwas schlechter. Wichtig ist einfach, dass Sie bei dem von Ihnen gewählten System bleiben, damit der Hund nicht verunsichert wird. Wenn der Hund aus vollem Tempo (vielleicht war der Anlauf zu groß) die Aufgabe nicht bewältigen kann, sagen Sie »Äh-äh« oder Ähnliches und nehmen den Hund auf den Ab-

Der Laufsteg: *Der Hund soll zu Beginn nur lernen, von außen zwischen die zwei Ausleger zu gehen und sich am Ende hinzustellen. Hier kann er sich einige Kekse verdienen und zwar immer dann, wenn er das Target berührt. An dieser Stelle setze ich den Clicker etwas anders ein: Der Hund erhält fürs Berühren des Targets einen Click und auch einen Keks. Auslösen darf er sich darauf aber nicht, sondern nur auf das zuvor schon eingeführte Auslösewort, zum Beispiel »Okay«.*
Kann der Hund das bereits gut, bewegt sich der Hundeführer nach vorne und zur Seite etc. In dieser Zeit kann der Hund immer wieder das Target berühren und bekommt dafür vom Trainer einen Keks. Später wechselt die Person, die den Hund bestätigt: Einmal kommt der Keks vom Trainer, einmal vom Hundeführer, aber das Ziel sollte immer das Target sein. Wenn der Hund auch diese Aufgabe verstanden hat, darf er immer weiter vorne anfangen. Der Hundeführer hebt den Hund auf den Laufsteg, erst etwa auf die Mitte des Abganges, dann auf den Anfang des Abganges, aufs Mittelteil etc. bis er vorne am Aufgang angekommen ist und den ganzen Laufsteg absolvieren kann. Manchmal muss der Hund noch auf den Steg geführt werden. ***Achtung:*** *Nur den ersten Meter festhalten und dann wieder loslassen, damit er sich nicht gegen den Hundeführer stemmt und runterfällt.*

Wenn der Hund unten so steht, lasse ich das nicht gelten, sondern gehe nach vorne und korrigiere es. Wenn das einreißt, wird der Hund sich immer schräger hinstellen, bis er eventuell mit den Hinterbeinen vor der Zone steht und diese gar nicht mehr trifft. Legen Sie immer wieder ein Target hin oder stellen Sie den Futterautomaten auf – so orientiert sich der Hund weiterhin nach vorne. Mit der Bestätigung nach vorne und zurück zum Hundeführer sollte immer abgewechselt werden, denn so verhindert man, dass sich der Hund zum Hundeführer umdreht.

Der Hund wird zum Aufgang geschickt. Er hat gelernt, diesen ganz alleine abzuarbeiten. Natürlich wird dem Hund zu Beginn mehr geholfen und die Hilfestellung dann Schritt für Schritt abgebaut.

Der Hund sollte, auch wenn er mit dem System 2/2 aufgebaut wurde, lernen, den Steg auf Distanz zu erarbeiten. Dazu lege ich ihm das Target vorne hin oder/und stelle den Futterautomat weiter entfernt vorne auf. So ist der Fokus des Hundes nach vorne gerichtet. Er arbeitet seine Aufgabe ab und wird danach ausgiebig mit dem Spielzeug belohnt oder zum Futterautomaten weitergeschickt.

gang zurück. Lassen Sie ihn hier wieder seine Aufgabe erfüllen, bevor Sie erneut den ganzen Steg verlangen.

Es ist wichtig, dass der Hund alles lernt: Blinde Wechsel, Frontwechsel, Wechsel hinter dem Hund etc. und dabei nie seine Aufgabe auf der Zone vergisst.

Die Futtermaschine baut man langsam ab, indem man sie nicht gleich direkt nach dem Laufsteg aufstellt, sondern zum Beispiel erst nach dem nächsten Gerät oder erst nach zwei weiteren Geräten. Wenn der Hund nun nach dem Steg den Tunnel absolviert und daraufhin mit einem Spielzeug belohnt wird, ist dies für ihn genauso toll, wie das Futter aus dem Automaten.

Der Hund soll mit der Zeit die Aufgänge selber suchen und selbstständig arbeiten. Hat er dies verstanden, hat er auch gelernt, sein Tempo so zu wählen, dass er den Laufsteg schräg arbeiten kann, ohne runterzufallen. Dies kann man erst mit einem Ausleger üben, später nur noch mit den Weitsprung- oder Startstangen.

Wand (A-Wand)

Hat der Hund den Steg einmal verstanden, gehen wir die Wand an. Dadurch dass der Hund bereits auf einer schmalen Planke zu bremsen und zu stehen gelernt hat, wird dies auf der Wand kein Thema sein.

Sie können die Wand auch auf ca. 1,5 m Höhe herunterstellen, damit der Hund nicht gleich den steilen Winkel bewältigen muss. Vor allem junge Hunde, die noch nicht ganz bemuskelt sind, tun

sich manchmal schwer, sich zu halten, in die Position 2/2 zu gehen und dort zu bleiben.

Bei den Runnings ist Folgendes zu beachten: Der Large-Hund sollte zweimal auf dem Abgang auftreffen (das heißt er macht einen vollen Galoppsprung) und der Small-Hund sollte dreimal aufsetzen (also zwei komplette Galoppsprünge machen). Nur dafür wird bestätigt. Hat der Hund einmal gelernt, dass man einfach über den Scheitelpunkt fliegen kann, einen Galoppsprung macht und die Wand wieder verlässt, wird er meist zu weit oben treffen.

Beim Steg ist mir wichtig, dass der Hund ganz weit unten trifft. Das spielt bei der Wand keine so große Rolle. Der Hund sollte aber klar in der Zone sein und seine Galoppsprünge anpassen. Dieses Verhalten kann geshapt oder auch mittels Schwimmnudeln automatisiert werden. Diese werden manchmal sehr hoch oben und je nach Hund bisweilen auch fast vor der Zone platziert. Nehmen Sie sich Zeit herauszufinden, wo die Nudeln bei Ihrem Hund wirklich platziert werden sollten. Kleine und große Hunde brauchen die Nudel an unterschiedlichen Orten. Bei den einen kann man danach eher auf die obere Nudel verzichten, bei anderen auf die untere. Mit diesen Nudeln werden die Galoppsprünge so eingeteilt, dass der Hund automatisch die Zone treffen sollte. Hat der Hund das verinnerlicht, werden die Nudeln weggenommen und der Bewegungsablauf des Hundes hat sich so automatisiert, dass er auch so mühelos die Zone trifft.

Für Shin gilt auf der Wand: »Nur Fliegen ist schöner.«

Der Hund setzt auf dem Abgang auf, macht einen vollen Galoppsprung und darf die Zone wieder verlassen.

Wippe

Beim Aufbau der Wippe ist es wichtig, dass der Hund von Anfang an lernt, freudig nach vorne zu arbeiten. Er soll anfangs noch keinen Kipppunkt suchen. Das Kippen der Wippe könnte ihn erschrecken. Wir stellen deshalb das Seitenteil eines Sprunges unter den Abgang der Wippe und fixieren es, um die Wippe zu blockieren. Die Wippe wird mit Sandsäcken befestigt, damit sie sich beim Runterkippen nicht verschiebt.

Nun wird ein Target am Ende der Wippe angebracht. Wenn beim Hund die Runnings mit Targets aufgebaut wurden, ist es sinnvoll, ein anderes Target zu benutzen. Ist zum Beispiel das Target auf dem Steg viereckig, kann man auf der Wippe ein rundes einsetzen. So wird dem Hund vermittelt, dass er beim einen durchrennen und treffen und beim anderen stehen bleiben und verharren muss. Der Hund soll nun nur lernen, hochzurennen und am Ende der Planke stehen zu bleiben. Dort wird der Hund vom Hundeführer gefüttert, anschließend wird der Hund vom Hundeführer runtergehoben, d.h. er soll erst mal nur bis zum Ende der Planke laufen, weiter wird nichts von ihm verlangt. (Fotoserien siehe nächste Doppelseite.)

Die Wippe

Der Junghund hat ja bereits das Wippenspiel geübt. Dies wird nun dadurch erweitert, dass der Hund sich die Wippe »herunterholen« soll und sich draufstellen muss. Hat der Hund das gelernt, fürchtet er sich selten vor der Wippe.

Wenn der Hund nun beides kann, wird der Ausleger unter der Wippe weggenommen. Der Trainer stellt sich zum Abgang und hält diesen fest. Der Hund hat mittlerweile gelernt, bis zum Ende durchzurennen. Er trägt nun ein Geschirr, so dass der Hundeführer ihn daran festhalten kann, sobald er am Ende angekommen ist. Während der Hund vom Trainer gefüttert wird, wird die Wippe runtergelassen. Der Hundeführer sichert den Hund (d.h. er hält ihn am Geschirr fest), so dass dieser nicht herunterspringen kann. Nun kommt es darauf an, ob der Hund mit allen vier Pfoten auf der Wippe stehen soll oder im 2/2. Small-Hunde sollten mit allen 4 Pfoten auf der Wippe stehen bleiben. Wenn sie mit der Vorderhand die Wippe verlassen, kann es sein, dass das Gewicht der Hinterhand zu gering ist, um die Wippe sicher herunterdrücken zu können. Oft gibt es eine Art »Rückschlag« und dies ist für die Hunde sehr unangenehm. Soll der Hund 2/2 stehen, wird er mit Futter in die gewünschte Position geführt. Da bleibt er

stehen, bis der Hundeführer ihn mit dem Kommando wieder auslöst. Bei einem schweren Hund, kann eine Hilfsperson beim Aufgang unterstützen und mithelfen, die Wippe zu kippen. So muss der Trainer nicht das ganze Gewicht des Hundes stemmen. (Fotoserie unten)

Immer wenn der Hund eine Unsicherheit zeigt, wird die Wippe gleich noch einmal wiederholt und ein Schritt zurückgegangen (d.h. dass der Trainer wieder die Hilfestellung bietet, die er im letzten Schritt davor geboten hat). Die Wippe wird vom Trainer wieder festgehalten oder der Ausleger darunter gestellt. Der Hund darf hochlaufen, wird aber vom Hundeführer wieder heruntergetragen. Stellen Sie immer sicher, dass der Hund am Ende ein positives Erlebnis hat und nicht gestresst vom Gerät weggeht.

Ist es für den Hund okay, dass die Wippe immer schneller nach unten kippt, kann die Hilfestellung des Trainers etwas abgebaut werden. Der Trainer hält die Wippe fest, bis der Hund ganz oben ist, lässt diese schnell runter und dämpft nur noch den Aufprall etwas, indem er die Wippe festhält, bevor diese den Boden berührt. Erträgt der Hund

Der Hund hat auch schon ohne Wippe gelernt, das runde Target mit der Nase oder Pfote zu berühren. Natürlich kann am Anfang der Lernphase des Hundes der Trainer vorne stehen und die Situation absichern. Kyushu kennt seine Arbeit ganz genau, deshalb kann er das auch ohne fremde Hilfe.

An Anfang wird die Wippe durch den Hundeführer noch etwas runtergedrückt, so dass der Hund nur einen kleinen Teil der Wippe nach unten bewegen muss. Kann der Hund das richtig gut, kann er die ganze Wippe ganz alleine runterdrücken und sich auf den Abgang stellen – in die gewünschte 2/2-Position.

diesen Ablauf gut, stellt der Trainer sich an den Aufgang und fängt nur noch das letzte Stück ab (d.h. die Wippe wird durch den Hund selber bewegt, der Trainer hält die Wippe lediglich ganz zum Schluss, so dass der Aufprall etwas abgefangen wird. Auf diese Weise ist das Geräusch weniger laut und es ist für den Hund einfacher, den Aufprall auszubalancieren).

Es ist wichtig, dass der Hund lernt, die Wippe zu arbeiten, egal, was der Hundeführer macht – auch wenn dieser seitlich weggeht oder zurückbleibt.

Die Wippe steht bei uns nie ungesichert auf dem Platz. Wenn wir die Wippe im Training nicht benötigen, sie aber trotzdem auf dem Platz steht, wird sie mit einem Sprungausleger blockiert, damit sie nicht kippen kann. Rennt nun ein Hund ohne unseren Befehl auf die Wippe, kann er nicht unerwartet herunterkippen und sich dadurch erschrecken. Ein unbeaufsichtigtes Laufen über die Wippe hat oft zur Folge, dass wir über Monate wieder am Aufbau der Wippe arbeiten müssen, weil sich der Hund durch das plötzliche Wegkippen fürchterlich erschrocken hat.

Hilfestellung an der Wippe

Training

IX. Training

»Voran« oder »Vor«

Das »Voran« ist eins der wichtigsten Kommandos. Auf das Kommando »Voran« des Hundeführers soll der Hund sich in gerader Linie nach vorne von ihm wegbewegen.

Weshalb ist das Voran so schwierig? Der Hund bewegt sich in einem Kreis um uns herum. Mit dem Kommando »Voran« sollte dieser Kreis sich ellipsenförmig mit größerem Radius nach vorne ändern. Das heißt, dass der Hund aus seinem Wohlfühlradius »heraustrainiert« werden muss, was für den einen oder anderen Vierbeiner gar nicht so einfach ist.

Wie baue ich ein sauberes »Voran« bzw. »Vor« auf? Ich brauche ein Hilfsmittel, z. B. ein Target, ein Spielzeug oder den Futterautomaten. In der Regel bevorzuge ich den Futterautomaten. Ich zeige im ersten Schritt dem Hund den Futterautomaten und gehe dann mit ihm etwa fünf Meter zurück.

Ich halte ihn am Halsband fest, zeige an seinem Kopf entlang auf das Hilfsmittel und sage dabei immer wieder: »Vor, Vor, Vor.« Dann lasse ich den Hund los. Dieser läuft geradewegs auf den Futterautomaten zu und kann sich als Belohnung ein »Leckerchen« holen. Diese Übung kann ich bereits mit dem Welpen bei jeder Fütterung mit der Futterschüssel machen. Die Distanz zur Futterschüssel wird dabei jedes Mal vergrößert. Aber aufgepasst: Keine zu großen Distanzverlängerungen auf einmal machen. Je kleiner unsere Schritte beim Aufbau der Übung sind, umso weniger Fehler macht der Hund. Er soll lernen, dass das »Vor« etwas Positives ist.

Üben Sie das »Vor« wann immer Sie Zeit finden. Ein Ort zum Üben ist beispielswiese ein Sportplatz. Dort haben Sie viel Platz und können die Distanzen immer weiter vergrößern. Nach einer Weile beginne ich, die Art der Belohnung abzuwechseln. Es wird entweder das Lieblingsspielzeug hingelegt, ein Target, das der Hund berühren kann, oder ich übe mit einem anderen Hundeführer, der dem Hund ein »Leckerchen« oder einen Ball gibt.

Das »Vor« soll auch klappen, wenn sich der Hundeführer seitlich vom Hund oder seitlich versetzt vor ihm befindet. Der Hund sollte immer das Objekt (zum Beispiel das Spielzeug oder später das Gerät) anlaufen, auf das wir ihn ausgerichtet haben. Dabei ist es ganz wichtig, dass er beim Warten nicht den Hundeführer anschaut, sondern seinen Fokus nach vorne richtet – sei es auf den ersten Sprung oder den Tunnel. Dies wird schon im Aufbau trainiert. Der Hund soll den Blick nach vorne richten, erst dann wird er vom Hundeführer ausgelöst und geschickt.

Natürlich sollte hier auch immer wieder trainiert werden, dass der Hund den Fokus über das Kommando (zum Beispiel das Handtarget) beim Hundeführer behält. Der Hund soll nun auf das Auslösekommando (also zum Beispiel »Okay«, »Yes« etc.) nach vorne zum Gerät gehen und auf das Kommando »Hand«, »Tschig-Tschig« etc. erst zu mir kommen und danach zum gewünschten Gerät gehen. Ich wechsle immer wieder ab, damit der Hund nicht nur seinen Fokus auf das Gerät richtet, sondern sich auch zu mir – dem Hundeführer – hin orientieren kann. Die richtige Balance zwischen Fokus auf den Hundeführer und Fokus auf die Geräte ist das A und O. Mit Hunden, die von Natur aus eher auf Geräte fokussiert sind, sollte etwas mehr »Hundeführer-Fokus« trainiert werden. Dasselbe gilt auch umgekehrt. Damit entsteht ein Ausgleich und der Hund kann das erarbeiten, was von ihm gewünscht wird.

»Voran«-Übung 1

Wir haben eine Gerade mit fünf Hürden. Der Trainer steht hinter der fünften Hürde und lockt den Hund mit seinem Spielzeug. Der Hundeführer läuft seitlich neben den Hürden parallel zum Hund. Wir führen das zwei- bis dreimal durch, bis der Hund auf direktem Weg nach vorne springt.
Der Übungsleiter tritt zur Seite und hilft nicht mehr. Jetzt kann auch nur der Futterautomat oder das Spielzeug vorne sein. Hat der Hund immer noch Mühe, verringere ich die Distanz und mache die Übung nur mit drei Hürden.
Falls der Hund ohne Hilfe nicht nach vorne geht, können wir einen kleinen Trick anwenden. Wir stellen uns ein paar Meter seitlich neben die erste Hürde, geben dem Hund das »Vor«-Kommando und laufen gleichzeitig mit ihm los. Der Hund soll geradeaus über die Hürden springen. Der Hundeführer rennt parallel zum Hund keilförmig immer in Richtung der fünften Hürde. So wird der Hund, der im Begriff ist, seine Linie zu verlassen, immer wieder zurück auf die Linie geschoben. Je öfter wir das »Vor« üben, umso eher können wir das keilförmige Laufen abbauen, weil der Hund begriffen hat, dass das »Vor« für ihn bedeutet, das nächstfolgende Gerät anzugehen, das in gerader Linie vor ihm steht. Hier ist es wichtig, dass die Sprünge nicht nur gerade stehen, sondern der

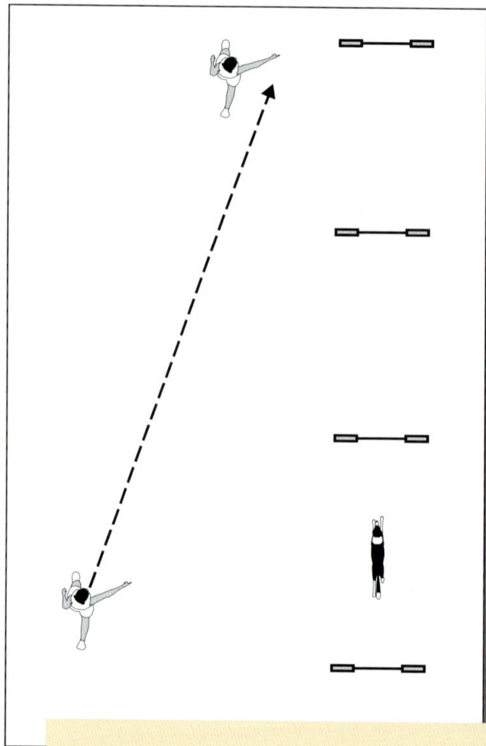

Damit der Hund auf die fünfte Hürde gescho ben werden kann, kann der Hundeführer sich seitlich weiter wegstellen und dann keilförmig auf den fünften Sprung hinlaufen.

Hund eine gerade Linie auch erkennen kann und Sprünge bei Bedarf schräg springen kann.

»Voran«-Übung 2

Vorübungen aus allen Positionen – auch mit anderen Geräten zwischen Hund und Hundeführer.
»Vor« beim Tunnel oder Sack: Sobald der Hund den Tunnel betritt oder sich noch im festen Teil des Sacktunnels befindet, erhält er das Kommando »Vor«. Der Hund soll nun lernen, dass er beim Verlassen des Tunnels nicht den Blickkontakt zum Hundeführer sucht (dies wäre ein natürliches Verhalten), sondern sich auf das Gerät fixiert, das er im Tunnel bereits sehen kann. Das ist vor allem auch beim »Sack« wichtig, weil der Hund bei Ertönen dieses Kommandos bedingungslos gerade aus dem Sack kommen und nicht dem Hundefüh-

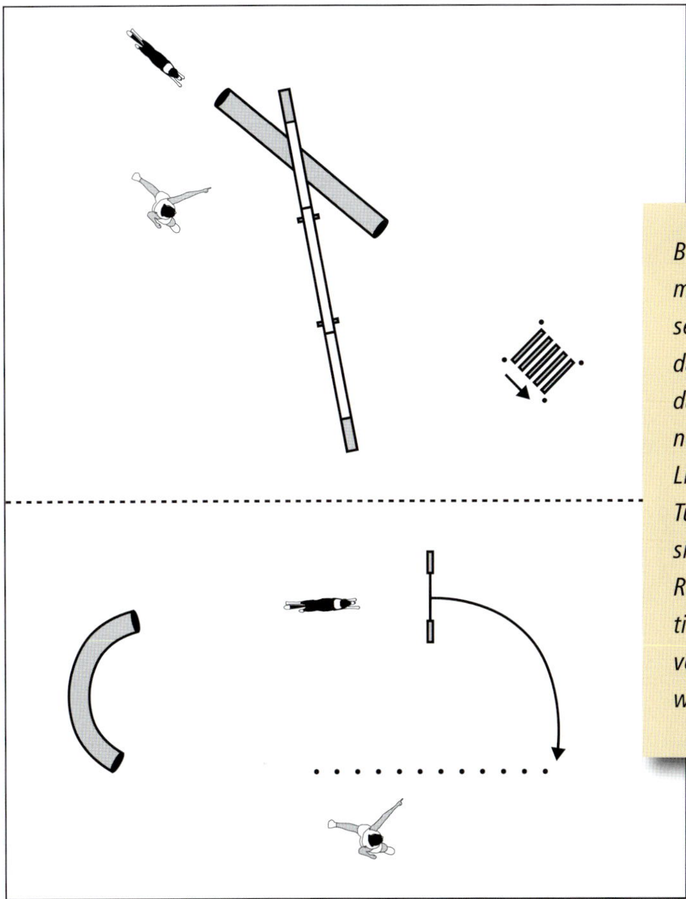

Bei diesen zwei Sequenzen muss der Hund sicher wissen: Ein »Vor«-Kommando, das er im Tunnel hört, heißt, dass er danach das Gerät nehmen soll, das in gerader Linie steht (und das er im Tunnel auch bereits schon sieht). Er soll sich ***nicht*** *Richtung Hundeführer orientieren, wenn er den Tunnel verlässt. (In anderen Fällen wäre das wünschenswert.)*

rer vor die Füße laufen soll. Das bedingt aber, dass das Kommando »Vor« auch ertönt, sobald der Hund in den Tunnel oder Sacktunnel rennt. So kann der Hund die Geschwindigkeit beibehalten und sich zum Beispiel bereits im Tunnel auf das geradeaus folgende Gerät konzentrieren.

Viele Hundeführer tendieren leider dazu, das Kommando »Vor« erst zu geben, wenn der Hund den Tunnel schon verlässt; jetzt hat sich der Hund schon zum Hundeführer eingedreht und einen ganz anderen Blickwinkel auf das folgende Gerät. Somit ist eventuell das Gerät, das geradeaus vor dem Tunnel liegt, für den Hund gar nicht mehr ersichtlich, da er sich ja in die Richtung des Hundeführers gedreht hat.

Noch schwieriger wird es, wenn der Tunnel unter dem Steg durchgeht und darauf geradeaus z.B. eine Hürde oder ein Weitsprung steht. Dann muss der Hundeführer auf der anderen Seite des Laufsteges bleiben. Hier ist es umso wichtiger, dass der Hund das Kommando »Voran« bereits im Tunnel erhält und auch weiß, wie er dieses umsetzen soll, ohne dass der Hundeführer ihm mit einem Körpersignal hilft.

Frontwechsel (Belgier)

Der Frontwechsel ist, wie das Wort schon sagt, ein Wechsel vor dem Hund. Der Hund wird zum Beispiel rechterhand über eine Hürdenkombination von drei in einer Kurve (90 Grad) gestellten Hürden geführt und linkerhand wieder übernommen. Dabei dreht sich der Hundeführer so, dass er den Hund während seiner Drehung immer im Auge

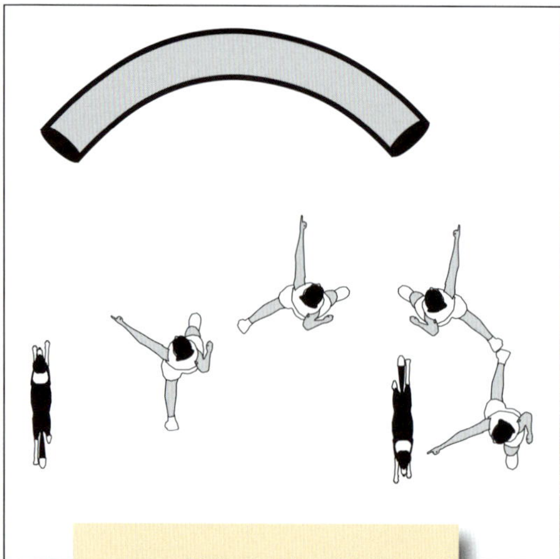

Am einfachsten übt man den Belgier erst mit dem Tunnel.

Frontwechsel zwischen dem 2. und 3. Sprung.

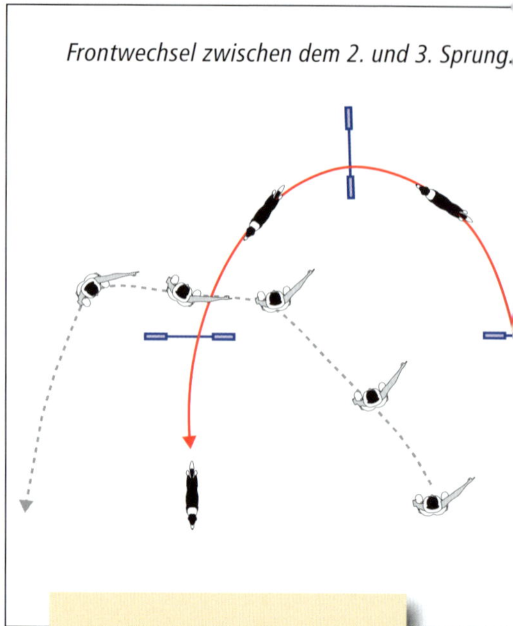

Den Frontwechsel kann man an verschiedenen Stellen üben.

hat. Die Brust (B wie Belgier oder Brust, so können es sich manche Hundesportler besser merken) zeigt somit immer in der Richtung des Hundes. Am einfachsten ist es für Hund und Hundeführer, wenn man das zuerst am Tunnel übt.

Der Tunnel wird in U-Form aufgestellt. Wir stehen so vor dem Tunnel, dass beide Tunneleingänge in unsere Richtung zeigen. Der Hund wird von uns aus gesehen vor dem rechten Tunneleingang positioniert. Der Hundeführer steht links vom Hund, also zwischen den beiden Tunneleingängen. Der Hund wird nun mit der rechten Hand in den Tunnel geschickt. Der Hundeführer, der mit seiner Frontseite gegen den Tunnel steht, läuft auf die gegenüberliegende des Tunnels – zum Ausgang – und macht während des Laufens eine halbe Drehung nach rechts, wobei er den Tunnel nie aus den Augen lässt. Er übernimmt den Hund links vom Ausgang mit dem Rücken gegen den Tunnel stehend auf der linken Hand. Dem Hund wird sofort das Spielzeug als Belohnung geworfen, und er läuft dem Spielzeug hinterher. Geübt wird das Ganze selbstverständlich auch spiegelverkehrt, also von links nach rechts.

Im nächsten Schritt stellt man vor und nach dem Tunnel einen Sprung hin. Hier hilft der Übungsleiter. Er fungiert mit Spielzeug oder Futter als »Zugpunkt«, damit der Hund auch bestimmt geradeaus läuft, auch wenn der Hundeführer »in der Gegend herumturnt«. Wir haben das mit dem Junghund bereits geübt und der Hund hat die Drehung des Hundeführers verstanden. Beim Tunnel hat der Hundeführer einfach mehr Zeit, sich zu positionieren und der Hund wird nicht abgelenkt.
Da auch der Hundeführer nun die richtige Drehung beherrscht, üben wir den Frontwechsel jetzt mit Hürdenkombinationen. Wir nehmen dazu drei Hürden und stellen sie im Halbkreis auf – jeweils

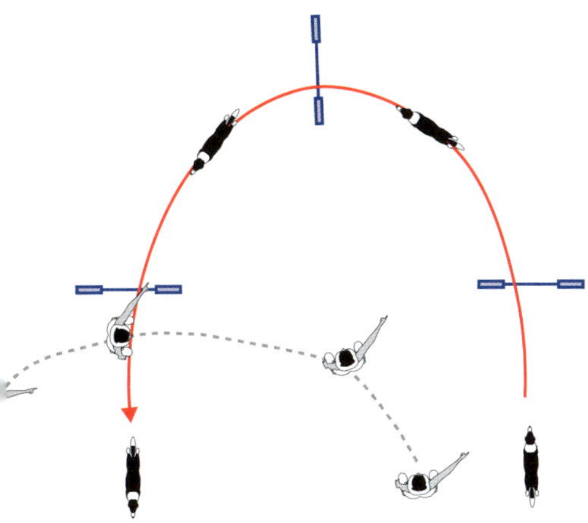

Frontwechsel nach dem 3. Sprung.

in einem Winkel von 90 Grad zueinander. Der Hundeführer schickt den Hund über die erste Hürde und gibt ihm das Kommando für die zweite und dritte Hürde. Gleichzeitig läuft er zur dritten Hürde und macht während des Laufens eine Dreiviertel-Drehung gegen den Hund. Dann nimmt er ihn auf der Außenseite der dritten Hürde wieder entgegen.
Sobald Sie wahrnehmen, dass der Hund die erste Hürde anpeilt und mit dem Absprung beginnt, beginnen Sie mit der Drehung. Während der Drehung wird der Hund immer angeschaut.

Wenn das Timing des Hundeführers perfekt ist, springt der Hund die mittlere Hürde nahe am Ausleger auf der Halbkreisinnenseite. Wenn der Hundeführer mit seiner Drehung zu spät ist, springt der Hund die Hürde auf der Außenseite oder umläuft sogar die dritte Hürde. Sogar wenn die Drehung nur wenig zu spät ist, springt der Hund nicht schön in der Ideallinie und muss in der Landung sehr viel Belastung abfangen.

»Frontwechsel« können eingesetzt werden:

- bei Hürdenkombinationen,
- vor oder nach den Zonen,
- vor oder nach dem Slalom, Tunnel und Sacktunnel (also überall im Parcours)

Blinder Wechsel (Franzose oder Japaner)

Der »blinde Wechsel« ist wie der »Frontwechsel« ein Wechsel vor dem Hund. Während man aber beim »Frontwechsel« den Hund nie aus den Augen verliert, hat man beim »blinden Wechsel« den Hund kurz hinter dem Rücken. Auch den »blinden Wechsel« übt man am besten mit dem Tunnel.

Wir stellen uns einen Tunnel in U-Form auf. Beide Tunnelöffnungen zeigen in unsere Richtung. Wir platzieren zudem vor und hinter dem Tunnel eine Hürde. Den Hund führen wir am linken Bein. Er wird nun über die Hürde in den Tunnel geschickt. Sobald wir sehen, dass er den Tunneleingang sauber anzieht, rennen wir Richtung Tunnelausgang. Wir kreuzen jetzt auf die andere Seite, indem wir den Tunnel im Rücken haben. Anschließend haben wir den Hund am rechten Bein und schicken ihn über den Sprung. Der Übungsleiter stellt sich ins Ziel und ruft den Hund über den Sprung mit Spielzeug oder Leckerli. Auf diese Weise wird der Hund nicht abgelenkt, denn der Hundeführer ist meist noch stark mit sich selber beschäftigt.
Alles was wir also tun, ist, den Kopf von der linken Seite auf die rechte Seite zu drehen und den Arm (auf der Seite, auf der der Hund zum Schluss sein

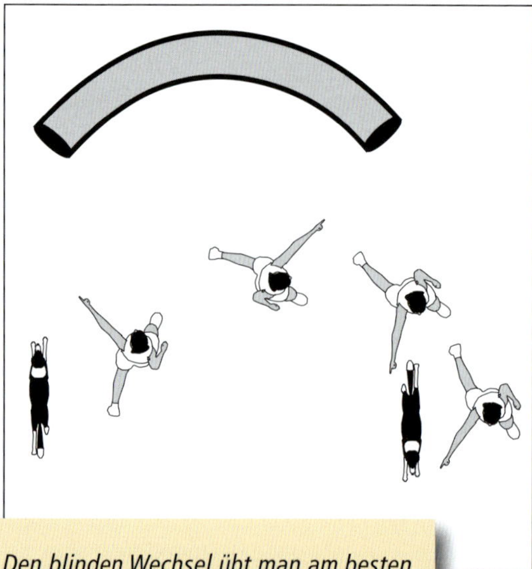

Den blinden Wechsel übt man am besten erst mit einem Tunnel. Wichtig: Bewegen Sie sich bei den »Frontwechseln« oder »blinden Wechseln« immer in Richtung des nachfolgenden Gerätes.

soll) nach hinten. Sobald der Hund aus dem Tunnel kommt, haben wir ihn kurz im Rücken. Weil wir ihn jedoch anrufen und mit der linken Hand ein Sichtzeichen geben, weiß er, dass er uns auf unserer linken Körperseite folgen soll. Die gleiche Übung wird auch spiegelverkehrt ausgeführt.

Bei »blinden Wechseln« sind deutliche Handzeichen für den Hund ausgesprochen wichtig. Der Hund soll schnellstmöglich darüber informiert werden, auf welcher Körperseite seines Hundeführers er weiterlaufen muss. Machen Sie mal einen Selbstversuch und stellen sich hinter einen Menschen, wenn dieser den Arm nach vorne streckt: Sie können nicht sehen, auf welcher Seite er das tut. Wird der Arm aber deutlich nach hinten bewegt, ist es für Sie (und den Hund) klar ersichtlich.

»Engländer« (angedeutete Drehung/ Eindrehung zum Hund)

Ein »Engländer« ist eine angedeutete Drehung der Front in die Richtung des Hundes bei gleichzeitigem Vorwärtslaufen in die Richtung des zu absolvierenden Gerätes. Der Hund wird dadurch von seiner eingeschlagenen Richtung abgebracht und auf den Hundeführer aufmerksam gemacht. Damit kann der Hund durch den Hundeführer auf dem direkten Weg auf die optimale Linie für das nachfolgend zu absolvierende Gerät ausgerichtet werden.

Der Hund kommt zum Beispiel aus dem Tunnel und sieht in gerader Richtung danach die Schrägwand, sollte aber wieder in den Tunnel laufen, der rechts parallel zur Wand steht. Der Hundeführer hat den Hund auf seiner linken Seite beim Tunnelausgang. Er dreht ganz kurz mit der Brust zum Hund, spricht den Hund an und zeigt mit der rechten Hand zum Hund und läuft aber immer weiter in Richtung der rechten Außenseite des Tunnels, damit er dem Hund die Sicht auf den Tunnel nicht nimmt. Der Hund sieht die Drehung des Hundeführers und denkt, dass dieser die Richtung wechseln wird. Er dreht sich also gegen den Hundeführer und verlässt damit die direkte Linie Tunnel-Wand. Sobald der Hund auf die Linie Tunnel-Tunnel kommt, dreht sich der Hundeführer wieder in Richtung des folgenden Geräts und schickt den Hund hinein. Durch die stetige Bewegung des Hundeführers in Richtung des zu nehmenden Gerätes, auch während der angedeuteten Drehung, treffen Hundeführer und Hund gleichzeitig vor dem Tunnel ein. Auf den heutigen, sehr weitläufigen und schnellen Parcours ist dies aber oft nicht mehr machbar. Damit man wirklich nach vorne rennen kann, wäre beispielsweise ein Dop-

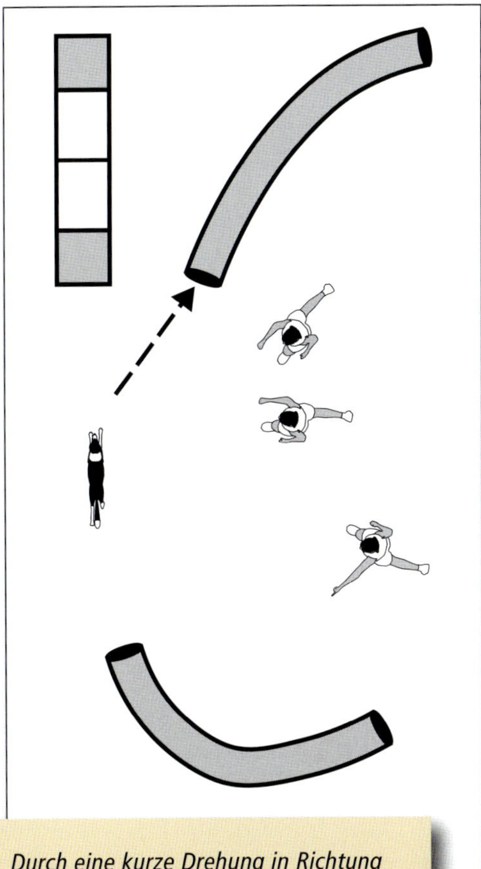

Durch eine kurze Drehung in Richtung Hund wird der Hund von der geraden Linie weggezogen. Die Verleitung Wand ist für den Hund nicht mehr relevant.

pelblinder eher angebracht. Haben Sie als Hundeführer aber Zeit und müssen sich nicht schnell positionieren, können Sie mit einem Eindrehen zum Hund den Hund in Ihre Richtung ziehen, wodurch eine Verleitung plötzlich unsichtbar wird.

Wichtig beim »Engländer« ist die stetige Vorwärtsbewegung des Hundeführers auch während der angedeuteten Drehung zum nachfolgenden Gerät.

Was heutzutage eher funktioniert, ist eine angetäuschte Drehung mit der Gegenhand, die in die Richtung des Hundes geht. Der Hund läuft am linken Bein und normalerweise wird mit der Führhand – also mit der linken Hand – gezeigt. Jetzt kommt der rechte Arm ins Spiel, dadurch dreht sich der Oberkörper leicht in die Richtung des Hundes. Durch gleichzeitiges Ansprechen des Hundes mit Namen oder ein »Zu mir«-Kommando kommt der Hund in die Richtung des Hundeführers. Das hat den Vorteil, dass man geradeaus und nicht rückwärtslaufen kann. Auf diese Weise kann man sich deutlicher in die richtige Richtung bewegen.

Üben kann man folgendermaßen: Das Spielzeug wird in der Gegenhand gehalten. Sobald der Hund seine Aufmerksamkeit auf den Hundeführer richtet und in seine Richtung rennt, lässt dieser das Spielzeug fallen und der Hund darf es nehmen. Hat der Hund diese Übung verstanden, kann das auch mit einem Gerät geübt werden, welches der Hund nicht nehmen soll. Er soll dann in die Richtung des Hundeführers laufen.

»Rum« oder »Turn«

»Rum« oder »Turn« bedeutet, dass der Hund zum Beispiel vom linken Bein vor uns durchläuft, dann hinter uns durchläuft und sich schlussendlich wieder an unserem linken Bein befindet. Beim Sprung sieht das dann so aus, dass wir den Sprung anlaufen, uns aber nicht in die Richtung des Sprunges eindrehen, sondern in der Laufrichtung bleiben, damit wir schneller wegkommen. Dadurch, dass der Hund weiß, dass er vor uns durchlaufen, den Sprung absolvieren und dann schnell wieder an unsere Seite kommen soll, können Sie sich in der Zeit, in der der Hund seine Aufgabe selbstständig ausführt, schon weiterlaufen und sich für die nächste Sequenz positionieren. (Siehe Fotoserie nächste Doppelseite.)

»Change«

Mit dem »Change« animiert man den Hund dazu, sich von der einen Körperseite des Hundeführers hintenherum auf die andere Körperseite zu bewegen, wo der Hundeführer ihn dann wieder aufnimmt und weiterführt. Im Parcours gibt es zwei Situationen, in denen das »Change« angewendet werden kann. Für den Hund bleibt es die gleiche Bewegung, wird aber verschieden eingeleitet.

Situation 1

Der Parcours beinhaltet eine schnelle Gerade mit einer 180-Grad-Drehung. Der Hund soll möglichst eng drehen, was aber nicht so einfach ist, da er ja aus der Geraden mit sehr viel Geschwindigkeit kommt. Damit der Hund trotzdem sehr kurz wendet, setzen wir hier unser »Change«-Kommando ein. Auch sind irgendwelche Verleitungen für den Hund keine Verleitungen mehr, da er durch die Drehung in seine Richtung weiß, dass es nach dem Sprung nicht geradeaus weitergeht. Denn ginge es geradeaus weiter, würde ja der Hundeführer sich in dieser Richtung weiterbewegen und nicht frontal zum Hund stehen.

Wichtig ist, dass der Hund die Gegendrehung vor der Hürde in dem Moment mitbekommt, in dem er sich für den Absprung bereit macht. Das heißt, in dem Moment, in dem er einteilt, wie weit er nach der Hürde springen wird. Sind wir zu spät mit der Einleitung der Drehung, wird der Hund trotzdem weit springen, weil er seinen Absprung-

Hier soll der Hundeführer sich nicht mit dem Hund mitdrehen, sondern sich zum Hund eindrehen. So steht der Hundeführer schon wieder in der Laufrichtung auf das nächstfolgende Gerät und kommt besser wieder weg. Wenn der Hundeführer seine Front in die entgegengesetzte Richtung ausrichtet, wird der Hund auch nicht zu weit springen und damit eine enge, schnelle Wendung machen.

punkt schon gewählt hat. Ist er bereits abgesprungen, kann er nichts mehr ändern (siehe Sprungtechnik). Das heißt: Wenn wir uns gegengedreht haben, sollte der Hund noch genügend Zeit haben, sich den Absprungpunkt zu suchen.

Situation 2

Während des Parcoursverlaufs kann es sein, dass der Hundeführer nicht vor den Hund kommt, um einen Wechsel einzuleiten. Der Hund sollte über eine Hürde und gleich wieder um 180 Grad in die andere Richtung laufen, wobei er an einem Gerät vorbeigesteuert werden muss, das er nicht wählen soll. Beispiel: Nach der Hürde steht ein Tunnel, den der Hund nicht nehmen soll. Er soll hingegen mit dem Hundeführer in Richtung der Wippe mitlaufen. Da der Hundeführer mit seinem Körper (vor allem den Füßen) dem Hund nun angibt, dass er am Sprung vorbeilaufen soll, muss er ihn ansprechen und entweder über das Handtarget den Hund animieren, den Sprung zu absolvieren, oder die Gegenhand einsetzen und in die Richtung des Hundes zeigen. Dadurch, dass sich der Oberkörper des Hundeführers zum Hund eindreht, wird der Hund dazu motiviert, die Hürde zu springen.

Details zu »Change«

Hund mit der rechten Hand zum Sprung ziehen: Der Hund springt; im gleichen Moment macht der Hundeführer einen Schritt am Gerät vorbei Richtung Wippe und wechselt vom rechten zum linken Führarm.

Wenn der Hundeführer sich früh zum Hund eindreht, weiß der Hund schon, bevor er sich zum Absprung vorbereitet, dass es nach dem Sprung nicht geradeaus geht, und wird sein Tempo drosseln.

Der Hund landet, läuft eng am linken Ausleger entlang, wird mit einem »Aufmerksamkeitskommando« (zum Beispiel der Name des Hundes) an die linke Hand, die nahe am Körper gehalten wird, angenommen und zur Wippe weitergeschickt. **Wichtig:** Der Hundeführer sieht dabei den Hund nicht an, sondern schaut nach vorne zur Wippe. Ein Kontrollblick über die linke Schulter könnte den Hund dazu veranlassen, trotzdem den Tunnel zu wählen.

German

Der German ist eigentlich nichts anderes als ein Change, außer dass bei ihm mit beiden Händen in Richtung Hund gezeigt wird. Dadurch dreht man den Körper zum Hund ein, und dieser wird animiert, auf einen zuzuspringen. Ist der Hundeführer nun schon fast auf der anderen Seite des Sprunges, kann er den Hund trotzdem noch über dem Sprung »wischen«.
Hat der Hund ein »Hinten« wirklich gelernt, solle diese Bewegung eigentlich gar nicht nötig werden. Hinten heißt dann nämlich: Nimm den Sprung von außen, egal was der Hundeführer tut oder wo sich dieser befindet. (Fotoserie nächste Doppelseite.)

Dadurch, dass der Hundeführer sich nie mit irgendwelchen Führhilfen in Richtung Tunnel bewegt, ist es für den Hund klar, dass es nicht in den Tunnel geht.

Dieselbe Übung kann natürlich situationsbedingt auch vor dem Sprung gemacht werden. Es kommt darauf an, ob der Hundeführer Zeit hat, auf die Absprungseite des Sprungs zu gelangen, was eventuell nur in einer großen Kurve geht.

»Geh« / »Geh hopp«

Beim »Geh« oder einem ähnlichen Kommando soll sich der Hund in Laufrichtung weiter verschieben. Der Hund soll das Hindernis, auf das mit einem Laserpointer gezeigt wird, alleine abarbeiten, obwohl der Hundeführer sich schon neu positioniert. Dies ist vor allem schwierig, wenn ein Sprung ganz am Ende des Parcours steht, und es für den Hund sowieso schon logisch ist, dass es in die andere Richtung weitergeht. Trotzdem soll der Hund sich die Zeit nehmen, diesen Sprung zu absolvieren, auch wenn der Hundeführer schon in die andere Richtung rennt. Dazu wird der Hund in dem Moment geclickt, in dem er zum Sprung ansetzt, und natürlich danach auch gleich bestätigt. Wir machen es dem Hund zu Beginn nicht allzu schwer. Wir bleiben stehen, geben aber in den Arm so viel Dynamik (wie beim Bowling), dass der Hund versteht, was wir von ihm wollen. In einem weiteren Schritt bewegen wir uns nur so viel vom Gerät weg, dass er die Übung noch mit Leichtigkeit erfolgreich bewältigen kann. Jetzt machen wir es dem Hund immer schwerer – wir bewegen uns weg, drehen uns etc. Der Hund soll auf positive Art lernen, dass er ein angezeigtes Gerät auch wirklich nehmen soll.

»Hinten«, »Außen«, »Out«

Das »Hinten« brauchen wir nur in Bezug auf eine Hürde. Der Hund springt dabei die Hürde nicht frontal an, sondern nimmt sie auf dem kürzesten Weg von hinten. Er läuft also nur um den Ausleger herum und springt die Hürde von hinten in Richtung Hundeführer, der ihn dann gleich in Empfang nimmt.

Wir üben das anfangs nur mit einer Hürde. Dazu lassen wir den Hund vor der Hürde absitzen und richten seinen Kopf auf die linke Seite des linken Seitenauslegers aus. Wir stellen uns zwischen den Hund und die Hürde (stehen dabei vor dem linken Ausleger). Nun setzen wir die linke Hand (Führhand) ein, senden den Hund mit einer schwungvollen Handbewegung und dem gleichzeitig ausgesprochenen Kommando »Hinten« hinter die Hürde und rufen ihn über die Hürde wieder zu uns. Bei der Handbewegung hilft das Bild einer nach vorne geschobenen Bowlingkugel. Genau diese Handbewegung brauchen wir. Der Hund soll durch die Dynamik in der Bewegung dazu aufgefordert werden, die Hürde zu suchen, um den Ausleger herumzulaufen und über die Stange wieder in Richtung des Hundeführers zu springen.

Erst stehen wir nah beim Ausleger (wichtig ist, dass die Füße in Laufrichtung, also in die Ecke des Auslegers zeigen) und senden den Hund mit der Führhand hinter den Ausleger. Sobald der Hund die Linie des Auslegers passiert und sich auf den Weg hinter die Hürde macht, wird er geclickt und über dem Sprung bestätigt. Nun soll der Hund aber zusätzlich lernen, dass er das »Hinten«-Kom-

mando auch ausführt, wenn der Hundeführer nicht ganz in die Ecke läuft.

Wir üben dies mit einem einzelnen Sprung und loben den Hund immer, wenn er die Linie des Auslegers passiert und den Sprung von hinten absolviert. Auf diese Weise erhöhen wir die Distanz zum Ausleger mit kleinen Schritten.

Es muss schließlich egal sein, wo der Hundeführer sich befindet. Dazu sollten Sie Ihre Position immer wieder verändern.

Bei den heutigen Parcours ist es wichtig, dass der Hund diese Aufgabe verstanden hat und sie selbstständig absolvieren kann, egal, ob der Hundeführer schon in einer anderen Richtung unterwegs ist. Um festzustellen, ob der Hund das Kommando auch wirklich verinnerlicht hat, stellen Sie sich vor den Sprung und senden Sie den Hund völlig ohne Körperhilfen, nur mit dem Kommando, hinter den Sprung. Lassen Sie ihn auch immer mal wieder das »Left« oder »Right« ausführen, so dass er nie vorher weiß, ob er den Sprung von vorne oder von hinten absolvieren soll.

»Geh raus«

Mit dem »Geh raus« bringe ich dem Hund bei, einen größeren Bogen in der eingeschlagenen Laufrichtung zu machen. Ich stelle zum Beispiel drei Hürden in einem Halbkreis auf und sende den Hund über diese, wobei ich mich auch in einem Halbkreis drehe und ihm mit der Führhand (Hand, die näher beim Hund ist) die Hürden anzeige. Nun stelle ich die mittlere Hürde weiter nach hinten. Aus dem Halbkreis wird ein halbes Oval. Trotz der

Hinten, außen, out: *Der Hund sollte erst lernen, auf Körperhilfe plus Kommando einen Sprung von außen zu nehmen. Später sollten die Hilfen immer mehr abgebaut werden, ...*

größeren Distanz der mittleren Hürde zu den zwei anderen Hürden, möchte ich nicht weiter in den Kreis hineinlaufen. Ich schicke also den Hund mit der rechten Hand über die erste Hürde und sende ihn mit beiden ausschließlich nach rechts ausgestreckten Armen und einem »Raus«-Kommando heraus zur zweiten Hürde. Dann übernehme ich ihn wieder mit der rechten Hand über die dritte Hürde.

Dadurch, dass ich beim »Raus«-Kommando beide Hände einsetze, zeigt meine Front etwas seitlich gegen den Hund, was bei ihm unweigerlich einen leichten Druck auslöst. Der Hund weicht dem Druck aus, verschiebt sich seitlich weiter weg von mir und macht daher einen größeren Bogen.

Das »Raus« kann ich auch anwenden, wenn der Parcoursverlauf vorgibt, dass der Steg schräg angelaufen werden soll. Ich gebe dem Hund vor dem »Auf« ein »Raus« und zeige ihm das mit beiden gegen den Steg ausgestreckten Armen an. Dadurch wird der Hund sachte zur Seite versetzt, macht einen minimal größeren Bogen und kommt so ganz gerade auf den Laufsteg. Auch beim »Freestylen« können wir das »Raus« wunderbar einsetzen.

Das »Raus« können wir auf jedem Spaziergang üben, zum Beispiel um Bäume, Holzstapel oder Fußballtore herum. Alles tolle »Trainingsgeräte«.
Übung am Fußballtor: Ich lasse den Hund in der rechten Ecke hinter dem Fußballtor absitzen. Ich stelle mich in das Tor hinein und »schiebe« den Hund nun von innen zur linken Ecke und weiter um das Tor herum. Durch das Netz, das sich zwischen uns befindet, kann der Hund zwar nicht zu mir hereinkommen, sieht mich aber trotzdem immer.
Übt man zwischen Bäumen, sollte man zuerst mit ganz dünnstämmigen anfangen, damit der Hund den Hundeführer nur ganz kurz aus den Augen verliert. Man kann mit der Zeit immer dickstämmigere Bäume aussuchen und so das »Raus« festigen. Später sind mehrere Bäume, die der Hund umlaufen soll, eine schöne Steigerung. Wenn der Hund das »Raus« um Objekte beherrscht und das Kommando kennt, kann ich ihn beispielsweise auf

... so dass er diese Aufgabe auch erledigen kann, ohne dass der Hundeführer ihn immer bis zum Ausleger begleitet.

einer großen Wiese weite Kreise um mich drehen lassen (wie beim Longieren).

»Left«/»Right« oder »Cip«/»Cap«

Der Hund hat bereits als Junghund (siehe Kapitel Junghund) gelernt, wie er eng rechts und links herumgehen soll. Nun setzen wir das zuerst mit einem Ausleger ein und danach mit einer Stange, sodass der Hund tatsächlich auch springen muss. Hat man die Vorübung mit »Left«/»Right« erarbeitet, ist es für den Hund egal, wo der Hundeführer sich befindet. Er weiß, wie er auf das vorgegebene Kommando reagieren soll.

Einer meiner Hunde hatte in diesem Stadium wirklich Probleme und auf den Rat einer Clickertrainerin habe ich für das »Left« eine Stange und für das »Right« eine Pylone als Hilfestellung gewählt. Stellen Sie die Pylone oder die Stange an den Ausleger und wählen Sie je nachdem das passende Kommando. Erst soll der Hund den Sprung von vorne nehmen. Um den Schwierigkeitsgrad zu erhöhen, kann man den Hund nun mit dem Namen am Sprung vorbeiziehen und dann ein »Left« oder »Right« verlangen. »Left« heißt für den Hund immer sehr eng am linken Ausleger vorbei und »Right« eng rechts um den rechten Ausleger (immer vom Standpunkt des Hundes aus). Dabei ist es wichtig, dass der Hund früh lernt, trotzdem weiterzuarbeiten, auch wenn sich der Hundeführer vom Sprung wegbewegt. **Wichtig:** Der Hundeführer soll sich in einem höheren Tempo wegbewegen, so lernt der Hund, dass er eng arbeiten und so schnell als möglich wieder zurück zum Hundeführer rennen soll (siehe Fotoserie nächste Doppelseite).

Wechsel hinter dem Hund

Wann immer möglich, führt man den Hund von vorne. Trotzdem sollte man ihm auch die Wechsel hinten beibringen. Die heutigen schnellen Parcours mit ihren zum Teil großen Distanzen verlangen häufig das »Wechseln hinter dem Hund«. Beim »Wechseln hinter dem Hund« kommt es oft zu Verweigerungen, da der Hundeführer zu früh

kreuzen will, dadurch den Weg des Hundes stört und ihn so zur Seite schiebt.

Am einfachsten üben wir das »Wechseln hinter dem Hund« beim Tunnel oder bei den Zonen. Das sind Geräte, die die Hunde in der Regel gerne machen und innerhalb kurzer Zeit alleine anziehen. Wir können das »Wechseln hinter dem Hund« aber auch mit einer einzigen Hürde üben.

Für Hundesportler, die kein Links- und Rechts-Kommando einsetzen wollen, kann man auch Folgendes machen: Der Hund steht am linken Bein des Hundeführers. Wenn der Hundeführer nun den Namen des Hundes sagt, wird der Hund nach rechts abbiegen. Wenn der Hund auf das Kommando »Back« oder »Weg« gelernt hat, vom Hundeführer wegzudrehen, wird er nach links abbiegen. Grundsätzlich wird der Hund im Zweifelsfalle immer in die Richtung des Hundeführers abbiegen. Wie man das Wegdrehen übt, wird ausführlich bei den Junghundeübungen (Seite 49 und 62) erklärt.

Am einfachsten übe ich nun das Ganze beim gebogenen Tunnel. Der Hund wird in den rechten Tunneleingang geschickt und der Hundeführer positioniert sich beim Tunneleingang, dabei lässt er die direkte Linie in den Tunnel frei. Sobald der Hund aus dem Tunnel kommt, ruft der Hundeführer den Hund zu sich und schiebt diesen vor sich mit der rechten Hand zurück in den Tunnel. Je besser der Hund das kann, umso weiter geht der Hundeführer zum Tunnelausgang, damit der Hund nach dem Wegschicken das Gerät aus immer größerer Distanz absolvieren muss. Wenn der Hund

Left/Right oder Cip/Cap:
Der Hund soll lernen, einen Sprung abzuarbeiten, egal wo der Hundeführer steht und wie weit er sich wegbewegt.

das verstanden hat, wechseln wir die Seite und üben genau das Gleiche auch in die andere Richtung.

Wie funktioniert das nun mit dem Sprung? Da der Hund die Vorübung bereits kennt, lege ich die Stange sehr tief oder mache die ersten Einheiten ohne Stange nur mit Auslegern. Der Hund steht auf der einen Seite des Sprunges und der Hundeführer auf der anderen. Dabei steht der Hundeführer mit seiner Front zum Hund beim linken Sprungausleger (vom Hund aus gesehen).
Wir möchten nun, dass der Hund nach links abbiegt. Da der Hund den Bewegungsablauf schon ohne Geräte kennt, ist es für ihn eine einfache Übung. Der Hund wird jetzt mit der rechten Hand eng um den Ausleger geführt. Sobald der Hund den Kopf vom Hundeführer wegdreht, wird er geclickt oder gelobt und beim Ausgangspunkt bestätigt. Wenn der Hund das mit Leichtigkeit kann, stellt sich der Hundeführer seitlich zum Ausleger mit dem einen Fuß auf der Seite des Hundes und mit dem anderen auf der anderen Seite der Stange (also die Stange zwischen den Knöcheln). Nun wird der Hund abermals mit der rechten Hand um den Ausleger geschickt. Er wird für das Wegdrehen und Umrunden des Auslegers gelobt. Hat der Hund auch diese Stufe der Übung verstanden, kann sich der Hundeführer zu ihm vor den Sprung stellen. Jetzt wird der Hund vom Hundeführer weg um den rechten Ausleger über die Hürde geschickt. (Nun kann man auch mit einer Stange arbeiten bzw. die Stange höher einstellen.)
Die Übung wird zunehmend erschwert, indem die Distanz zum Sprung erweitert und der Winkel des Hundes zum Sprung variiert werden.

Oftmals sagen mir Hundeführer bei Seminaren, dass sie mit »Rechts«- und »Links«-Kommandos nicht arbeiten, da sie sich diese nicht merken könnten. Wir aber verlangen vom Hund, die verschiedenen Geräte zu überwinden oder dass er Wechsel lernt. Von den Distanzen zu den Hürden, die er selbständig einteilen soll, mal ganz zu schweigen. Es sollte doch für einen Hundeführer möglich sein, sich in derselben Zeit ein paar Richtungskommandos anzueignen. Was das Kurzspringen mit »Left«/»Right«-Kommando betrifft, lohnt sich der Aufbau, da es im Parcours oft nur eine oder zwei solche Situationen gibt. Diese kann man sich dann auch merken ...

»In«

Dieses Kommando bedeutet, dass der Hund das Gerät von der Seite aus absolvieren soll, auf der sich der Hundeführer befindet. Das hat den Vorteil, dass der Hundeführer sich weder zum Hund eindrehen, noch sonst irgendwelche Salti vor oder rückwärts schlagen muss. Natürlich könnte ich dazu auch das Handtarget nehmen, es gibt aber einige wenige Situationen, bei denen der Hundeführer dann zu weit hinten ist und der Hund deswegen evtl. danach die Hürde nicht mehr springen würde, weil er sich zum Hundeführer orientiert. Deshalb ist das Kommando »In« viel klarer für den Hund. Das Handtarget-Kommando heißt lediglich, dass der Hund der Hand folgen soll und nicht, dass er den Sprung absolvieren muss. So kann es sein, dass der Hund den Fokus zu lange auf den Hundeführer richtet und schließlich am Sprung vorbeirennt. Unterstützend zum »In«-Kommando kann der Führarm nach hinten geschwungen werden, damit der Hund noch schneller und besser versteht.

Den Aufbau mache ich gemäß der Bildstrecke, die man unten sehen kann.

Den ersten Sprung muss der Hund von außen nehmen, den zweiten Sprung stelle ich so hin, dass ihn der Hund von der Sprungkurve gerade noch von der Innenseite springen kann. Danach wird der Sprung immer enger gestellt, so dass der Hund wirklich seine normale Laufrichtung korrigieren muss, um ihn von innen nehmen zu können. Um es dem Hund einfacher zu machen, stelle ich den Ausleger schräg hin. So ist es für den Hund klarer, was er tun soll. Wenn der Hund dies verstanden hat, stelle ich den Ausleger gerade hin. Wird der Sprung verschoben und die Bedingungen werden dadurch schwieriger, wird der Ausleger wieder schräg hingestellt. Beim Kommando »In« geht die Führhand nach hinten. Anfangs kann ein Keks in dieser Hand helfen. Wenn der Hund kommt, bekommt er den Keks. Ansonsten wird der Hund einfach geclickt, sobald er auf die Innenseite des Sprunges kommt. Sukzessive wird der zweite Sprung so gestellt, dass der Hund – wenn er nur geradeaus rennt – den Sprung von der falschen Seite nehmen würde.

Ich arbeite anfangs mit immer gleichen Sequenzen und mit dem Hund auf der gleichen Seite des Hundeführers. Danach geht's mit der gleichen Sequenz, aber mit dem Hund auf der anderen Seite

Obwohl der Hund eigentlich hinter die Hürde springt, korrigiert dieser seine Lauflinie, um den Sprung von der Seite zu springen, auf der der Hundeführer steht.

des Beines – Sie werden merken, dass dies für den Hund wieder eine neue Situation darstellt. Er wird jedoch schnell erkennen, was Sie wollen und Sie können sehr viel schneller vorwärts gehen. Es gibt verschiedene Situation, bei denen ein »In« verlangt werden kann.

Alternativ kann man es dem Hund auch erst ohne Geräte beibringen, indem man den Führarm nach hinten wirft. Wenn der Hund kommt, erhält er einen Keks aus der Führhand, man unterbricht für einen kurzen Moment und lässt ihn fressen. Das Gleiche macht man danach beispielsweise mit zwei Sprüngen. Der Hund springt über den ersten Sprung, wird kurz noch einmal mit dem Namen angesprochen, und natürlich mit dem »In«-Kommando. Jedes Mal, wenn der Hund zum Hundeführer kommt, bekommt er am Anfang einen Keks aus der Führhand, die nach hinten geht. Sie können immer mal wieder testen, ob der Hund verstanden hat und die Sequenzen ohne Keks in der Hand in Angriff nehmen. Läuft der Hund statt auf Ihre Hand zu über den Sprung, dann hat er leider noch nicht verstanden und die Übung mit den Keksen in der Hand muss weiterhin absolviert werden. Mit dieser Variante lernt der Hund aber nicht so gut, den Sprung unabhängig und selbstständig von innen zu nehmen. Als Hundeführer möchte ich jedoch nicht warten, bis der Hund reinkommt, sondern möchte mich neu positionieren können.

Noch eine Aufbau-Variante

Der Hund steht vor dem Sprung, der Hundeführer dahinter. Nun beugt sich der Hundeführer etwas zur Seite und streckt den Arm weit raus. Wichtig ist, dass der Arm wirklich weit weg vom Sprung

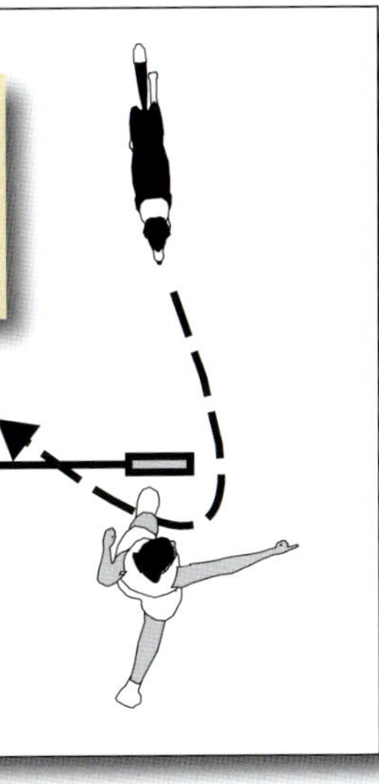

Eine zusätzliche Möglichkeit, das »In«-Kommando aufzubauen.

zeigt und zwar auf der Seite, auf der der Hund an der Hürde vorbeilaufen soll, um diese dann von der Seite, auf welcher der Hundeführer steht, zu nehmen. Rufen Sie den Hund. Lassen Sie ihn erst in Richtung Hand laufen. Bewegen Sie sich nicht zu früh, sonst wird der Hund die für ihn logische Seite (auf welcher er steht) springen.

Wenn der Hund nun seitlich am Sprung vorbeigelaufen ist, können Sie sich bewegen. Sie gehen ihm aus dem Weg und schieben ihn über den Sprung. Hat der Hund erst einmal begriffen, was er tun soll, können Sie das Kommando »In« einführen und die Körperhilfen abbauen. Natürlich wechseln Sie beim Üben, wie immer, auch die Seite sowie die Position des Hundes. Wenn Sie testen möchten, ob es der Hund wirklich begriffen hat, stellen Sie ihn frontal zum Sprung hin, Sie als Hundeführer stehen auf der gegenüberliegenden Seite. Auf das Kommando »In« und eine kleine Kopfdrehung oder Gewichtsverlagerung (sonst weiß der Hund ja nicht, auf welche Seite er kommen soll) soll der Hund sich auf die Seite des Hundeführers begeben und den Sprung von dieser Seite absolvieren.

links: Dadurch, dass der Hund jedes Mal auf das »In«-Kommando Futter aus der Führhand (welche nach hinten geht) bekommt, ...

rechts: ... kann das mit der Zeit auch ohne, dass er jedes Mal Futter erhält, abgerufen werden. Ich empfehle aber, ihn ab und zu wieder zu füttern, wenn man mit dieser Variante arbeitet.

Wenn der Hund dieses Kommando kann, hat der Hundeführer den Vorteil, dass er sich immer geradeaus vorwärtsbewegen kann und nicht irgendwo rückwärtslaufen muss (auf den heutigen Parcours ein enormer Vorteil).

Roller

Der Roller ist eigentlich gar nicht schwer. Er verhindert dass der Hund allzu weit herausspringt. Wenn sich der Hund am linken Bein des Hundeführers befindet, über einen Sprung hüpft und dann nach rechts abbiegen soll, würde sich der Hundeführer normalerweise um 90 Grad mitdrehen. Mit dem Roller dreht er sich jedoch gegen den Hund. Eigentlich so, wie die Kehrtwendung früher in der Unterordnung. Das heißt, der Hundeführer dreht sich nach links zum Hund ein und zwar, bevor dieser den Absprungpunkt gesucht hat, damit er auch näher am Gerät wegspringen kann. So versteht der Hund, dass er die Wendung eng nehmen soll und das folgende Gerät nicht geradeaus steht. Der Roller ist eigentlich nichts anderes als ein Change, mit dem Unterschied, dass der Hund nach dem Sprung am selben Bein weitergeführt wird (siehe Fotoserie unten).

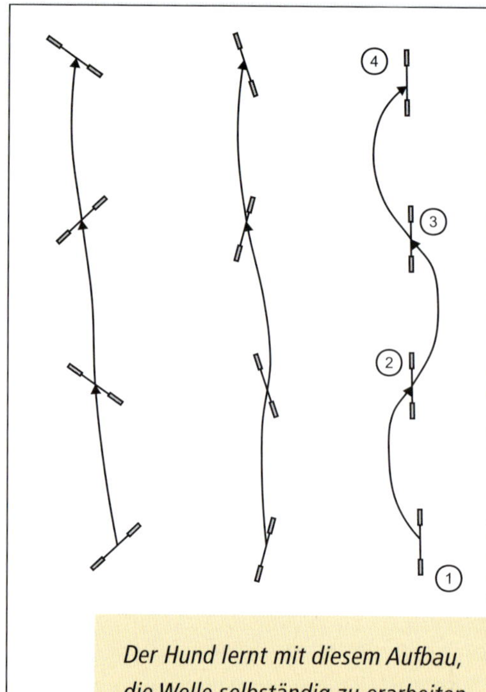

Der Hund lernt mit diesem Aufbau, die Welle selbständig zu erarbeiten.

Aufbau der Welle

Damit der Hund lernt, die Welle selbstständig zu arbeiten, empfehle ich eine kleine Aufbauarbeit: Erst stehen die Sprünge so, dass der Hund einfach nur geradeaus rennen muss. So kann auch der Hundeführer geradeaus laufen und den Hund notfalls ansprechen. Der Hund soll mühelos lernen, dass er das Gerät absolvieren kann, ohne dass der Hundeführer sich eindreht. Die Hürden werden dann immer steiler gestellt, sodass der Hund sich

die Sprünge »suchen« muss und sie nicht von ihm auf gerader Linie gesprungen werden können. Als Hilfestellung kann man auch den Futterautomaten am Ende der Sequenz hinstellen, damit der Hund schön nach vorne zieht.

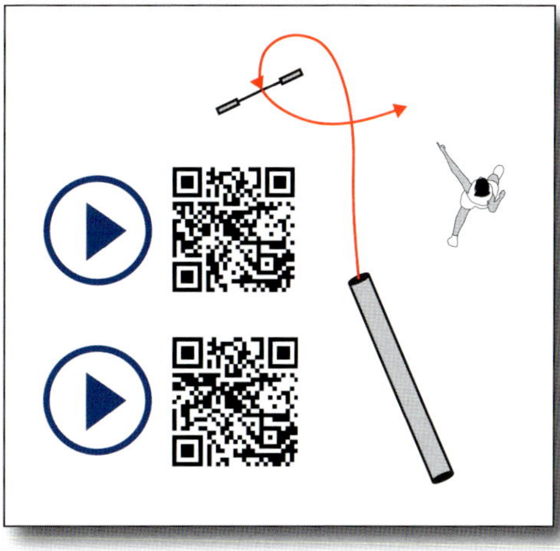

»Zu«

Ich habe für mich entschieden, dass ich einen Unterschied mache, zwischen »In« als S-Linie und »Zu« als Kurz-zu-mir-Springen, weil ich einfach ganz oft auf den großen Distanzen zu weit hinten bin (vor allem nach einem geraden Tunnel). »Zu« heißt eigentlich »In« plus ein »Left« oder ein »Right«. Dies habe ich in einem Kommando zusammengefasst, um nicht so viel auf den Hund einreden zu müssen.

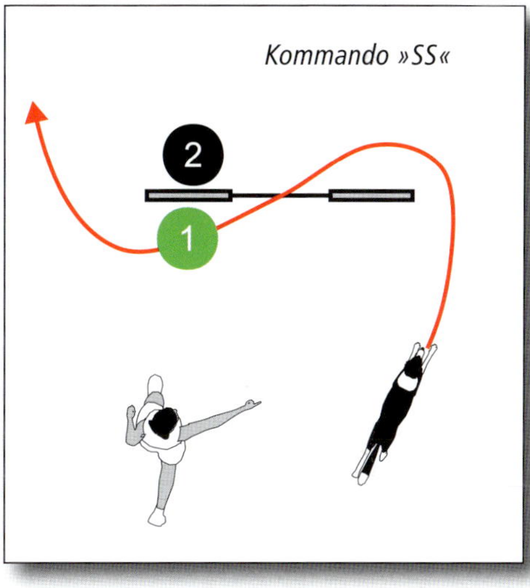

S-Linie

Die S-Linie sagt eigentlich schon viel über die Bewegung des Hundes aus. Mit dem Kommando »SS« soll der Hund den Sprung von außen absolvieren, ganz egal wie der Hundeführer sich bewegt (somit müsste sich auch ein German erübrigen). Ich bin der Meinung, dass das »Au-

Wenn der Hundeführer sich Richtung Hund dreht, wird dieser etwas Tempo herausnehmen, da er ja weiß, dass nach diesem Sprung eine enge Wendung folgt. Der Hund wird immer mit dem Spielzeug für eine enge Wendung in Richtung Hundeführer belohnt.

ßen«-Kommando eigentlich genügen müsste, aber trotzdem ist der Aufbau wichtig. Unser Hund hat gelernt, dass er das Spielzeug nur aufnimmt, wenn er dazu ermuntert wird. Somit kann das Spielzeug jetzt als Hilfestellung für den Hund ausgelegt werden und zwar als erstes da, wo die grüne 1 auf der Grafik ist und nach erfolgreichem Absolvieren da, wo die schwarze 2 steht. Wichtig ist wirklich, dass der Hund ohne Agility-Geräte gelernt hat, das Spielzeug nur auf Kommando, z.B. »Nimm's«, aufzunehmen.

Sprungkommandos in der Übersicht

Unten finden Sie eine Übersicht über die Kommandos. Zur Überprüfung, ob der Hund es wirklich verstanden hat, könnte man z.B. nur vor dem Sprung stehen und sich nicht bewegen, damit der Hund keine Hilfestellung hat. Dies ist aber wirklich allerhöchste Ausbildungsstufe. Ich bin schon mit 70 oder 80 Prozent Trefferquote glücklich, weil ja im Normalfall der menschliche Körper immer unterstützend hilft, sei dies durch Zeigen mit der Hand oder durch die Richtung, in die die Füße weisen.

Bei den Beispielen unten befindet sich der Hund immer auf der linken Seite. Ist der Hund am rechten Bein, ist natürlich das »Außen« und »Zu« umgekehrt.

Das »Außen« bedeutet also, dass der Hund den Sprung von hinten, von mir weg überwinden soll. Das »Zu« heißt, dass der Hund meine Linie kreuzen und erst dann den Sprung von hinten absolvieren soll.

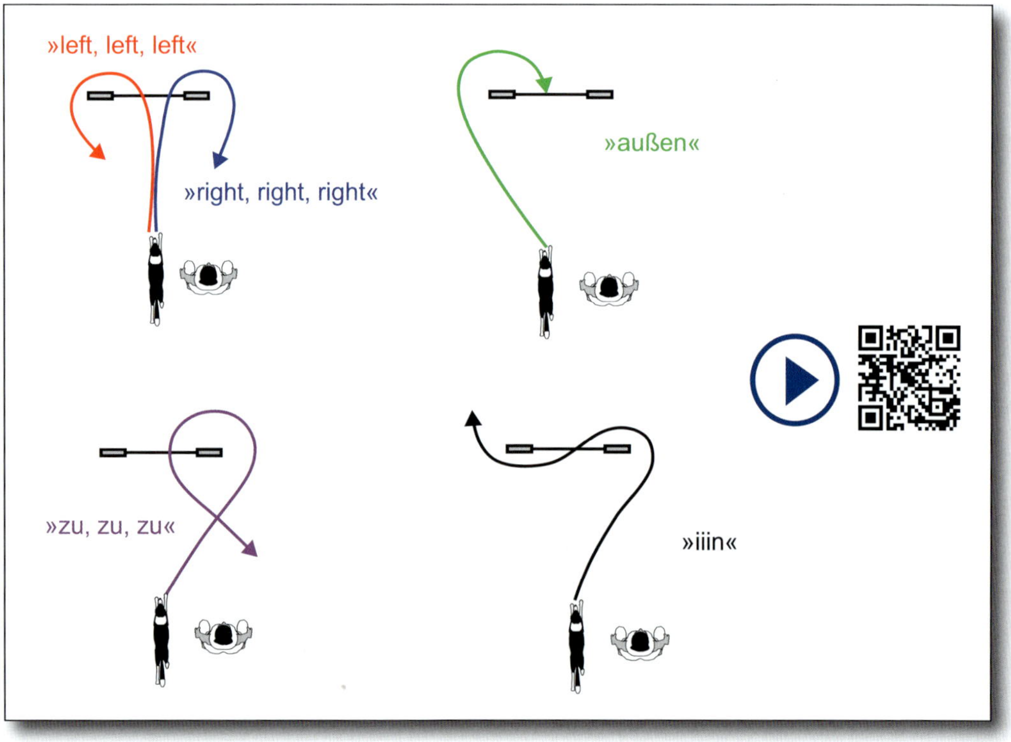

Wettkampfübungen

X. Wettkampfübungen

Linien finden

Stellen Sie sich immer vor, wo der Hund springen wird. Was für uns eine logische Linie ergibt, ist nicht unbedingt die Linie, auf der der Hund springen wird. Die erste Frage lautet »Wo wird der Hund springen, wenn ich ihn so führe?«, die zweite »Kann ich dies verändern?« und die dritte »Wie kann ich es verändern/verbessern?«.

Frage 1 zum Beispiel: Springt der Hund gerade über den Sprung? Springt er weit (weil vielleicht ein Tunnel oder Ähnliches geradeaus steht)? Welche Seite der Stange wird er springen (weil der Hundeführer zum Beispiel auf der einen oder anderen Seite steht)?

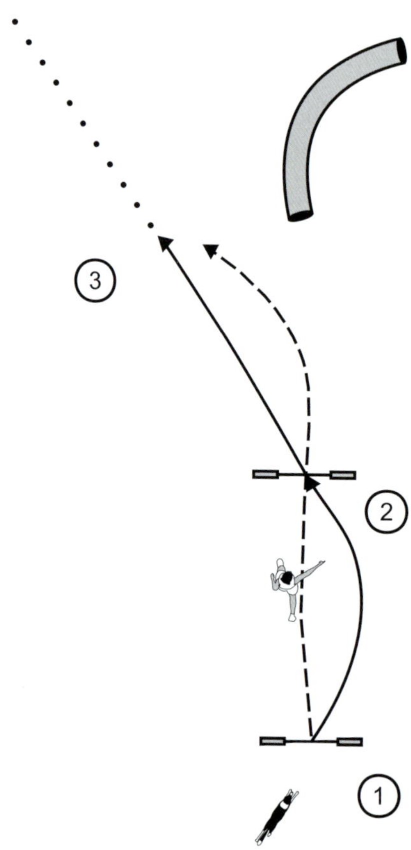

Dadurch, dass der Hund schräg vor die erste Hürde gesetzt wird und der Hundeführer den Hund zwischen der 1 und der 2 rausschiebt, wird er eher links in Richtung Slalom landen und dadurch das richtige Gerät sogleich sehen (durchgezogene Linie).
Würde der Hund einfach gerade vor die erste Hürde gesetzt, würde er direkt in den Tunnel schauen, welchen er ja nicht nehmen soll. Er wird weit springen und erst in Richtung Tunnel rennen (gestrichelte Linie).
Natürlich würde hier auch ein Roller bei der 2 oder ein Richtungskommando vor der 2 helfen.

Auf Seite 169 sehen Sie eine Startsituation: Nach den drei Sprüngen soll der Hund in den Slalom. Dabei gibt es verschiedene Strategien der Führun die 3 unterschiedliche Hundeführer gewählt habe

Manchmal stehen mir die Haare etwas zu Berge, wenn ich sehe, welche Linien manche Hunde laufen müssen. Unten finden Sie 3 Beispiele, die zeigen, auf welcher Linie der Hund vermutlich laufen wird, wenn der Hundeführer verschiedene Varianten läuft.

Der Hund sollte immer wissen, wo es nach der Hürde weitergeht, bevor er eine Pfote vom Boden nimmt, um abzuspringen. Ist der Hund erst einmal abgesprungen, ist es ihm unmöglich, seine vor dem Absprung gewählte Richtung oder Sprungweite zu verändern. Der Hundeführer sucht sich bei der Parcoursbegehung die für ihn und seinen Hund optimale Lauflinie. Die optimale Linie gilt für den Hund und nicht den Hundeführer. Oft ist zu beobachten, dass der Hundeführer den für sich einfacheren Weg wählt und der Hund dann damit zu kämpfen hat.

Gelenkschonendes Führen des Hundes sollte die wichtigste Aufgabe für jeden Hundeführer sein.

Startsituationen

Dasselbe wie fürs Stellen gilt für die Position am Start. Leider setzen auch heute noch einige Hundeführer die Hunde einfach gerade an die erste Hürde. So kommt es vor, dass der Hund bereits vor dem Loslaufen auf das falsche Gerät fokussiert ist. Versuchen Sie sich immer vorzustellen, was der

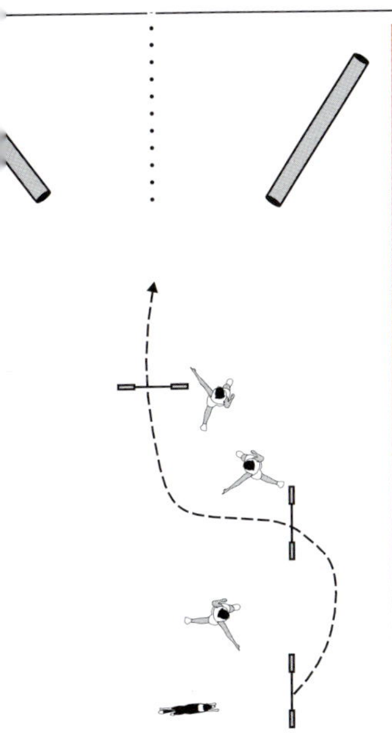

Dies war die beste Lösung: Der Hundeführer blieb mit blindem oder Frontwechsel zwischen den Hürden zwei und drei.

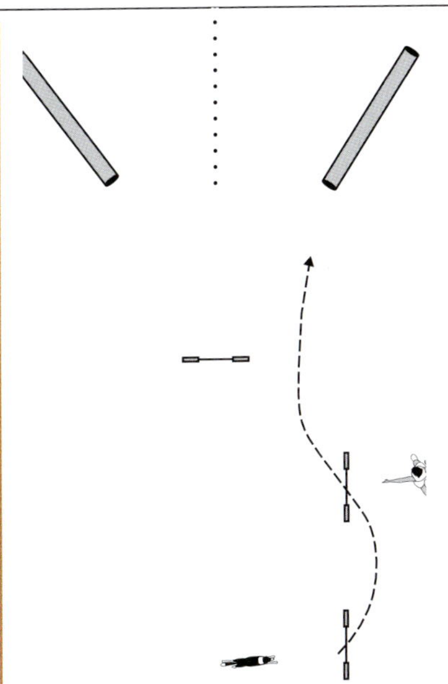

Hier wollte die Hundeführerin den Hund neben der zweiten bzw. zwischen der ersten und der zweiten Hürde abrufen. Dadurch lief der Hund an der dritten Hürde vorbei.

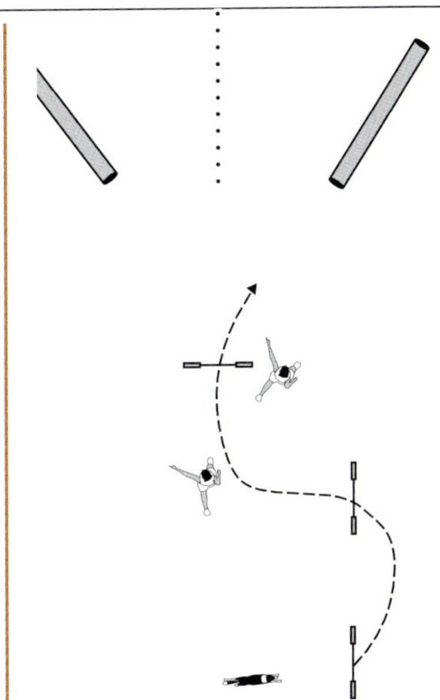

Hier wollte der Hundeführer zwischen der zweiten und dritten Hürde hinter dem Hund wechseln. Der Hund sprang dabei eher nach rechts. Da der Hundeführer hinter dem Hund war, flitzte er erst recht in den rechten Tunnel.

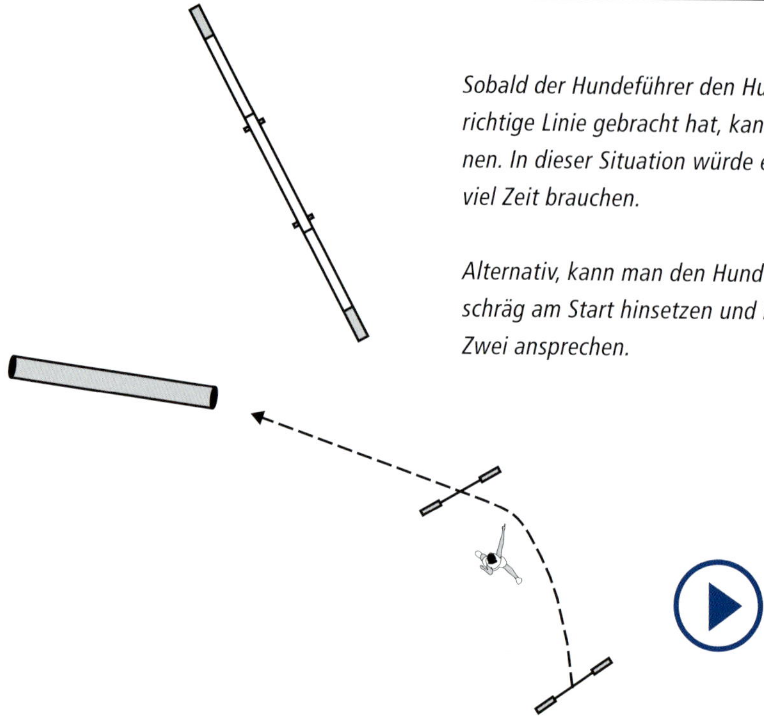

Sobald der Hundeführer den Hund auf die richtige Linie gebracht hat, kann er losrennen. In dieser Situation würde ein Roller zu viel Zeit brauchen.

Alternativ, kann man den Hund auch nur schräg am Start hinsetzen und ihn vor der Zwei ansprechen.

Hund sieht und setzen Sie Ihren Hund dann in der Ideallinie an den Start. Es kommt auch darauf an, ob der Hund bereits in der Startsequenz eine starke Richtungsänderung (zum Beispiel 180 Grad) hat. Wenn das so ist, setzen Sie Ihren Hund bitte nahe an die erste Hürde, damit er gar nicht auf hohes Tempo kommt, welches er dann sofort schon wieder zurücknehmen müsste. Wenn die Startsequenz gerade und schnell ist, setzen Sie den Hund möglichst weit weg, damit der Hund schon in vollem Tempo auf den ersten Sprung trifft. Dort steht nämlich die Zeitmessung und je schneller der Hund da durchläuft, umso schneller ist die Zeit am Ende des Parcours. Wir haben dies vor vielen Jahren mal gemessen – es hat zum Teil schlussendlich fast zu einer halben Sekunde Zeitgewinn oder -verlust geführt.

Wenn das dritte Gerät auf einer ganz anderen Linie steht, ist es von Vorteil, wenn der Hund in einem V in die ersten zwei Hürden geführt wird. Natürlich könnte dies auch anders gelöst werden (zum Beispiel mit einem Roller). Hier muss abgewogen werden, welche Variante die schnellere ist, ob mit einem Roller (bei diesem nimmt der Hund viel Tempo raus, um in der Landung die richtige Richtung einzuschlagen) oder mit einem V-Abrufen, wobei der Hund mit vollem Tempo laufen kann (aber einen längeren Weg hat) und so für die darauffolgende Sequenz das Tempo mitnehmen kann. Dazu stellt der Hundeführer den Hund schräg zum ersten Sprung und platziert sich zwischen den beiden Hürden – an der Stelle, an der der Hund um den Hundeführer herumlaufen soll. Sobald der Hund die gewünschte Linie erkennt

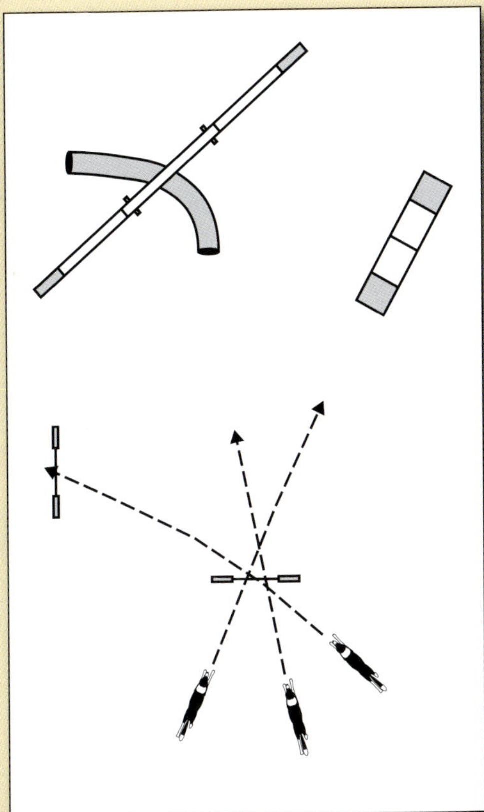

Je nach Position vor dem Startsprung sieht der Hund entweder das richtige oder das falsche Gerät.

und den richtigen Weg einschlägt, kann der Hundeführer losrennen. Damit kommen beide, Hund und Hundeführer, schneller in die Gänge und können mit vollem Tempo in die nächste Sequenz starten. (Siehe Fotos und Zeichnung oben.)

Frontwechsel versus Blinder Wechsel

Viele Hundeführer sind der Meinung, die beiden Wechsel wären – weil sie beide vor dem Hund ausgeführt werden – beliebig austauschbar: Ein Fehlschluss! Noch eine Fehleinschätzung ist, dass man, wenn man mit dem Timing etwas zu spät ist,

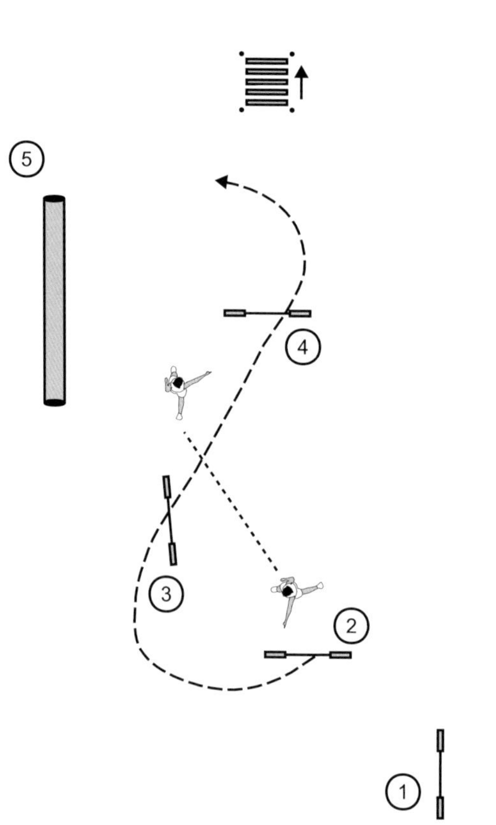

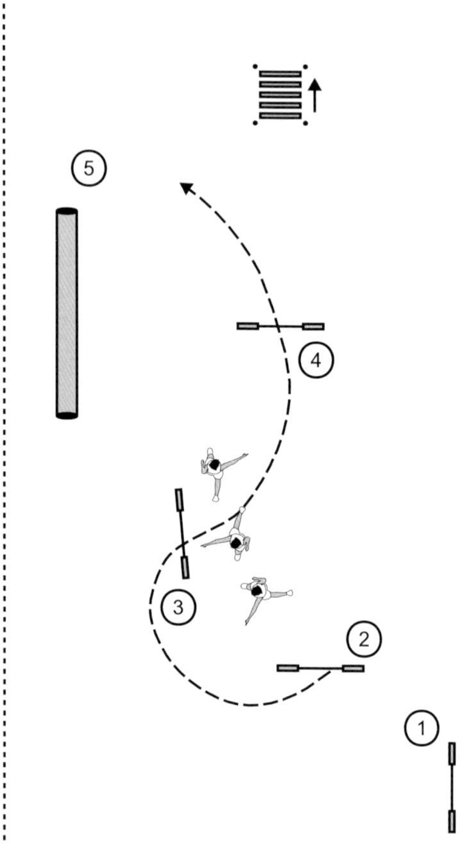

Laufweg der Hunde mit einem blinden Wechsel zwischen 3 und 4. Durch den Laufweg des Hundeführers wird der Hund auf der 3 zu sehr nach links gezogen.

Laufweg der Hunde mit einem Frontwechsel zwischen 3 und 4. Hier wird die Linie des Hundes wunderbar auf die 4 gestellt und die Linie auf 5 wird optimal.

eher den blinden Wechsel machen sollte, da dieser einfacher für den Hundeführer ist. Wie wir vorhin schon besprochen haben, ist der optimale Weg nicht unbedingt der einfachste für den Hundeführers. Das Ziel sollte jedoch immer sein, dass der Hund den schnellsten Weg durch den Parcours findet und so schnell wie möglich weiß, welches Gerät das darauffolgende sein wird. Der blinde Wechsel zieht den Hund auf eine ganz andere Linie als der Frontwechsel. Zudem muss der blinde Wechsel sehr früh eingeleitet werden, damit der Hund versteht, wo er springen soll. Ist der Hundeführer zu spät, wird der Hund auf der komplett falschen Linie über den Sprung geführt und muss in

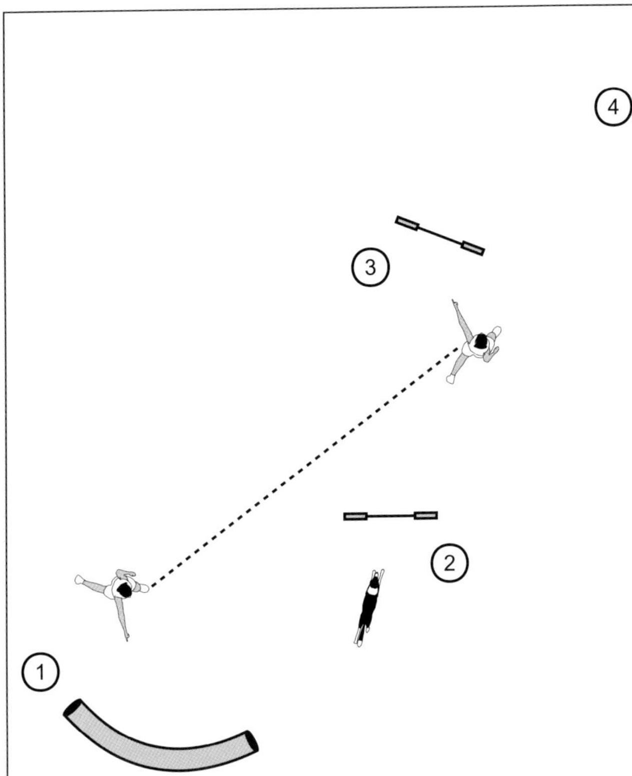

Ideale Linie für einen blinden Wechsel. Der Hund wird in den Tunnel geschickt. Wenn man sich sicher ist, dass der Hund den Tunnel absolvieren wird, rennt man direkt zum zweiten Sprung. Der Hund bleibt auf einer optimalen Linie. Würde man hier einen Frontwechsel machen, würde der Hund dadurch, dass man ihm die Front zeigt, vor der ersten Hürde Tempo rausnehmen, was in dieser Situation völlig unnötig ist.

einer harten Landung die Richtung kompensieren. Generell gilt, dass der blinde Wechsel den Hund eher schneller macht, weil der Hund das Gefühl bekommt, der Hundeführer würde ihm wegrennen. Der Frontwechsel bremst eher, weil der Hundeführer die Front zum Hund gedreht hat. Somit gilt, dass der Frontwechsel eher einzusetzen ist, wo eine starke Richtungsänderung gefordert ist und der Hund etwas Tempo »rausnehmen« sollte (daher macht der Frontwechsel die Kurve eher »zu«). Der blinde Wechsel wird bei flüssigen, schnellen Linien eingesetzt (daher macht der blinde Wechsel die Kurve eher flüssig und rund).

Blinde Wechsel« werden nicht einfach beliebig anstatt der »Frontwechsel« genutzt. Man muss sich im Klaren darüber sein, in welche Richtung die Füße zeigen. Wenn die Hundesportler denken, dass sie mit einem »Blinden« etwas kompensieren können, wenn sie zu spät dran sind, ist das eine krasse Fehleinschätzung. Das Gegenteil ist der Fall: Meist wird der Hund dann erst recht von der Ideallinie geschoben. Wenn man schon zu spät ist, dann sollte man eher einen »Belgier« machen, weil die Frontbewegung des Hundeführers den Hund etwas bremst und er dann nicht mit vollem Tempo in eine eventuell falsche Richtung läuft.

Ein »blinder Wechsel« kann bei jedem Gerät eingesetzt werden, wenn die dadurch angezeigte Richtungsänderung sinnvoll ist. Nach Kontaktzonen oder Slalom kann man ihn allerdings nur einsetzen, wenn man sicher ist, dass der Hund das Gerät auch hinter unserem Rücken korrekt abarbeitet. Wir geben den Hunden mit dem »Blinden« eher das Gefühl, dass wir wegrennen. Dadurch werden sie hektisch und können eventuell den Slalom nicht zu Ende arbeiten.

Für junge Hunde macht es Sinn, erst den Belgier (zum Beispiel Slalom) zu machen. Mit der Front ist es für den Hund klarer, dass der Hundeführer dem Hund die nötige Zeit gibt, das Gerät bis zum Schluss korrekt zu absolvieren.

»Blinde Wechsel« eignen sich auch für Hunde, die nicht so motiviert sind oder solche, die das Tempo zurücknehmen, wenn sie gegen den Hundeführer springen müssen.

Da die Hunde beim »blinden Wechsel« den Rücken des Hundeführers sehen und ihnen damit das Gefühl vermittelt wird, dass der Hundeführer davonläuft, animiert es solche Hunde, dem Hundeführer schneller nachzulaufen (d.h. dass sie, wie schon erwähnt, den Slalom möglicherweise zu früh verlassen).

Wo wird der Frontwechsel oder blinde Wechsel gemacht?

Folgender Grundsatz gilt: Der Wechsel wird immer zwingend in die Richtung gemacht, in die der

Hund laufen soll. Viele Hundeführer möchten dem Hund Platz lassen, damit geben sie aber leider dem Hund eine Fehlinformation. In der Fotoreihe sehen Sie, wie der Hund die zweite Hürde schlecht springt, weil die Information des Frontwechsels zu spät kommt und die Linie des Hundeführers nicht stimmt. Dies ist oft nur in der Momentaufnahme deutlich zu sehen. Im schnellen Rennen kann das Auge die Kräfte, die wirken, leider gar nicht wahrnehmen. Je größer der Bogen ist, den der Hundeführer macht, desto weiter heraus springt der Hund. (Siehe Zeichnung auf Seite 176.)

Variationen der Wechsel

Natürlich gibt es diverse Variationen der schon angeschauten Wechsel:

Doppelblind: Der »Doppelblind« eignet sich vor allem dann, wenn der Hundeführer sich wegbewegen möchte. Dabei braucht er völliges Vertrauen zum Hund. Wer zu viel kontrollieren möchte, ist in der Regel zu spät. Wichtig ist, dass die Hände nach hinten fliegen (wie bei einem Pistolenschützen, der nach hinten ballert). Dabei halten Sie den Kopf schräg nach hinten, damit der Hund die Information erhält, auf welche Seite er kommen soll. Bei dem ersten »Blinden«, nehmen Sie den Hund bitte nicht auf – also nicht die volle Kontrolle darüber, dass der Hund auf der richtigen Seite ist, sonst wird die Linie des Hundes zu kurvig. Es soll ja nur kurz der Lauffluss unterbrochen oder ein falsches Gerät aus dem Fokus genommen werden. Es bedarf zu Beginn etwas Mut – Sie wer-

4

5

Hier wird der Frontwechsel auf der falschen Linie und zu spät gemacht. Sehen Sie sich an, wie der Hund springt, und vergleichen Sie dies mit der folgenden Fotoserie darunter.

4

5

Hier wird der Frontwechsel am richtigen Ort und rechtzeitig eingeleitet. Der Hund weiß genau, wohin er beim zweiten Sprung springen soll.

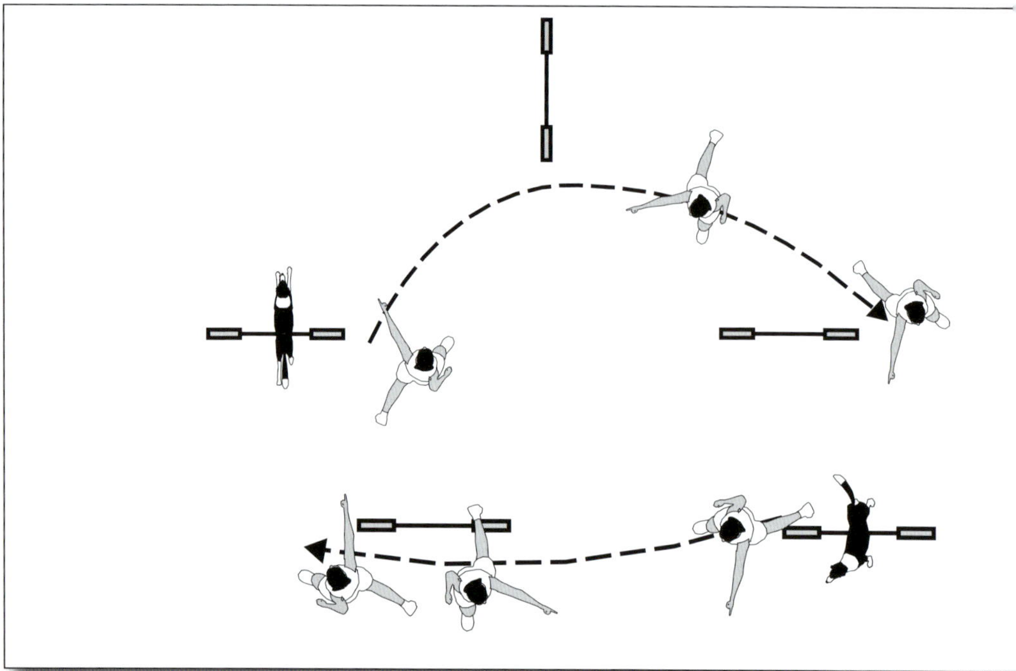

»Doppelblinde« eignen sich vor allem für sensible Hunde ,...

Zeichnung oben:
Wichtig: Der Hundführer läuft in der direkten Linie zum dritten Sprung.

Zeichnung unten:
Wichtig: Der Hundeführer läuft eng zur nächsten Hürde. Je weiter der Hundeführer rausläuft, desto größer wird auch der Bogen, den der Hund machen wird.

den sehen, dass der Hund einfach kommt, wenn Sie »Doppelblinde« richtig anwenden. (Fotoserie: mitte-unten)

Frontwechsel – blinder Wechsel

Dieser Wechsel eignet sich vor allem dann, wenn der Hund nicht schräg auf die erste Hürde kommt. Mit dem ersten Frontwechsel bremst man den Hund etwas aus und verändert seine Linie, danach ist es ein Einfaches in den Blinden überzugehen (Fotoserie nächste Doppelseite).

Kreuzen hinter dem Hund – Frontwechsel

Diese Wechselkombination kann in verschiedenen Situationen angewandt werden, vor allem dann,

… weil man ständig in Bewegung ist und immer die Schulter vom Hund wegdreht.

Frontwechsel – blinder Wechsel: *Dadurch, dass der Hundeführer sich vor dem ersten Sprung zum Hund eindr*

Der Handwechsel hinter dem Hund wird eingeleitet und zusätzlich mit einem Kurzspringkommando unterstützt – hier ein »Left«. Sobald der Hund diesen Wechsel angenommen hat, dreht der Hundeführer sich zum nächsten Sprung, ohne ihn dabei aus den Augen zu verlieren. Mit dieser Variante wird der Hund nach dem Handwechsel etwas enger drehen.

wird dieser das Tempo drosseln und die Linie stärker korrigieren, als mit einem blinden Wechsel.

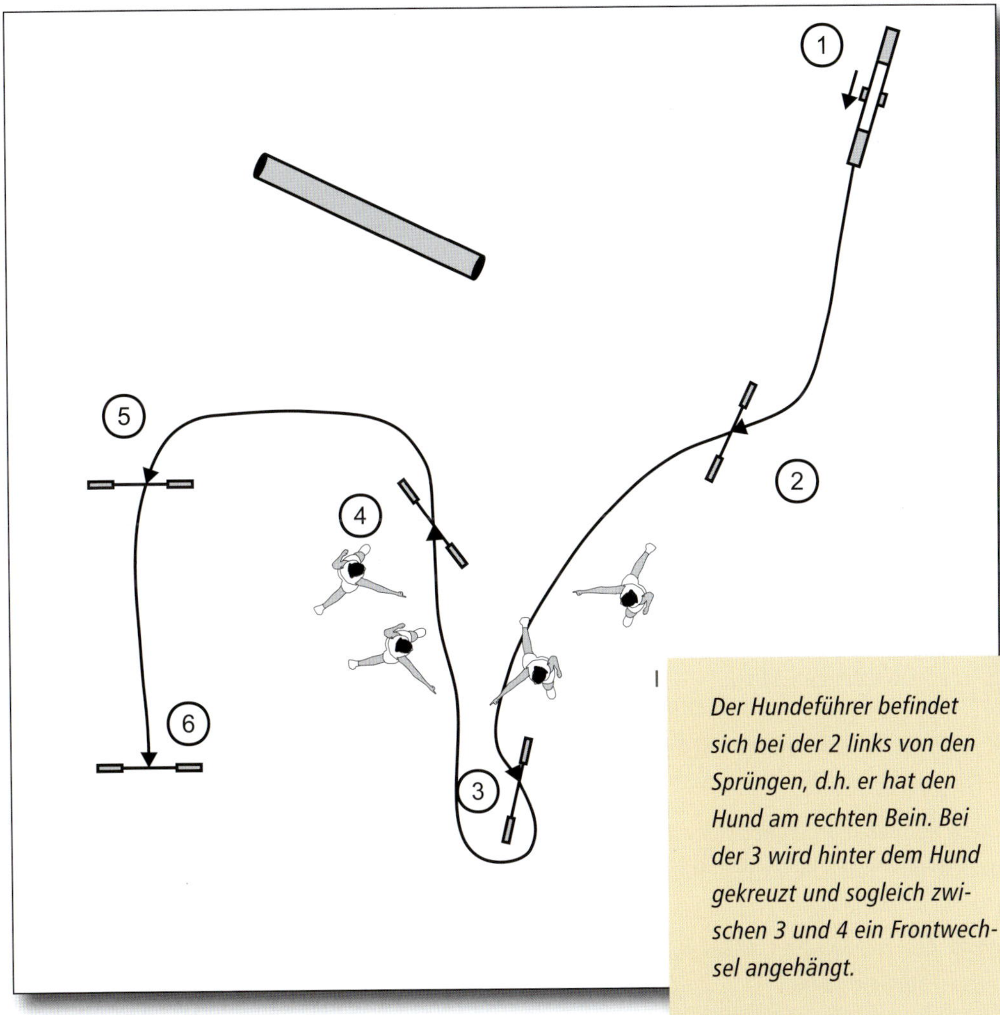

Der Hundeführer befindet sich bei der 2 links von den Sprüngen, d.h. er hat den Hund am rechten Bein. Bei der 3 wird hinter dem Hund gekreuzt und sogleich zwischen 3 und 4 ein Frontwechsel angehängt.

Kreuzen hinter dem Hund:
Der Hundeführer leitet das Kreuzen hinter dem Hund ein (mit zusätzlichem Kurzspringkommando). Sobald der Hund sich zum Absprung bereit macht, dreht der Hundeführer sich zum nächsten Gerät vom Hund weg.
Bei der 2 ist der Hund am rechten Bein des Hundeführers, dieser leitet bei der 3 einen Wechsel hinter dem Hund ein und sogleich bewegt sich der Hundeführer zum Tunnel, wobei er dabei den Hund aus den Augen lässt.

wenn der Hund nach dem Kreuzen hinter ihm ganz eng mitkommen muss.

Kreuzen hinter dem Hund – blinder Wechsel

Diese Kombination eignet sich, wenn der Hund nach dem Kreuzen hinter dem Hund in einer weichen Linie (nicht super eng) mitkommen soll und wenn der Hundeführer gaaaaanz schnell weg muss (Fotoserie oben).

Zwischen zwei Hürden durchziehen

Es gibt mehrere Varianten, den Hund zwischen zwei Hürden »durchzuziehen«.

Gegendrehen:

Beginnen Sie wie folgt: Nehmen Sie zwei Sprünge (Hürden) auf einer Linie (siehe Skizze rechts oben).

Der Hund steht an Ihrem linken Bein. Wenn er nun die Sprünge in »logischer« Folge absolvieren soll,

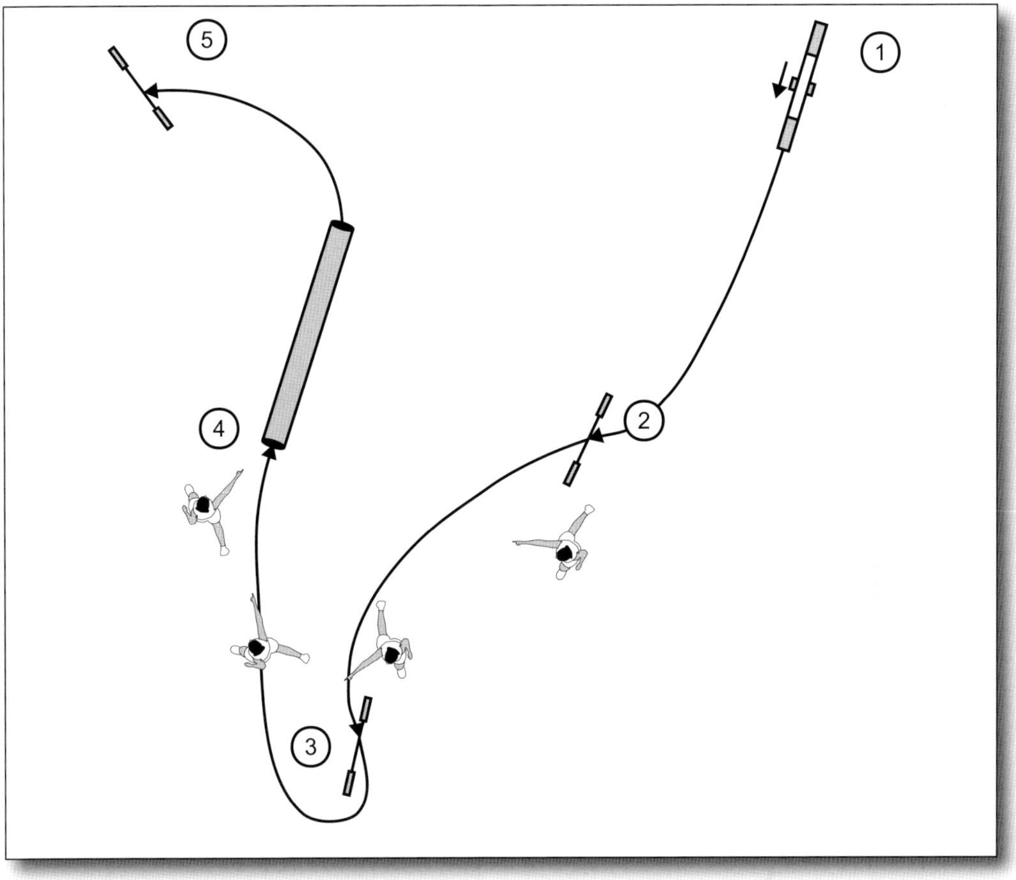

würden wir uns einfach nach rechts drehen und die Führhand einsetzen. Nun möchten wir, dass der Hund versteht, dass er zu uns kommen soll. Bei manchen Hunden reicht es, wenn man ihnen die Front zeigt, bei anderen muss der Körpereinsatz etwas deutlicher ausfallen. Wenn wir jetzt davon ausgehen, dass unser Körper immer in die Laufrichtung zeigen soll, dann müssten wir uns ganz drehen. Bleiben Sie nahe bei den Sprüngen und machen Sie eine Bewegung – dem Frontwechsel gleich – und wieder zurück. So kann später im Wettkampf auch ein junger Hund keine Dis (eine Disqualifikation) laufen, sondern macht höchstens einen größeren Bogen, falls ich mich als Hundeführer zu langsam positioniere. Wenn Sie sich bewegen, gehen Sie nicht zu schnell los, sondern beobachten Ihren Hund. Erst wenn die Aufmerksamkeit bei Ihnen und nicht mehr beim zweiten Sprung ist, gehen Sie los. Drehen Sie sich nun nach links zum Hund, zeigen ihm Ihre Front und ziehen ihn zu sich. Wenn der Hund kommt, drehen Sie sich wieder nach rechts und schicken ihn über den zweiten Sprung.

Mit einem Doppelblinden kann der Hund ebenfalls durch die Sprünge »gezogen« werden, vor allem dann, wenn der Hund in einer schon idealen Linie auf den ersten Sprung kommt, also sehr diagonal. Kommt der Hund aber gerade auf den ersten Sprung, sollte statt dem ersten Blinden ein Frontwechsel gemacht werden, damit der Hund durch die Gegendrehung vor dem Sprung etwas eingebremst wird.

Die einfachste Variante für den Hundeführer ist das Kommando »In«. Es ist etwas aufwändig, dem Hund dieses Kommando beizubringen. Hat dieser jedoch einmal begriffen, was es bedeutet, und dass man einen Sprung auf der Seite nimmt, auf der der Hundeführer steht, dann kann der Hundeführer sich ohne körperlichen Einsatz einfach weiter in der Laufrichtung bewegen. Dabei hält er die Hand als Hilfestellung nach hinten (siehe Fotoserie unten.)

Die einfachste und schnellste Variante ist das »In«. Dieses Kommando bedeutet für den Hund, dass er den Sprung von der Seite des Hundeführers nehmen soll (wenn dieses konsequent aufgebaut wurde).

Parcoursbegehung

Die Parcoursbegehung beginnt, wenn der Richter mit dem Parcoursbau anfängt. Das Beobachten, wie er die Geräte setzt und die von ihm geplanten Wege abgeht, kann Aufschluss über das Führen des Hundes im Parcours geben. Wenn der Richter die Nummern setzt, merke ich mir den Parcoursverlauf und plane vom Rand aus meine Führlinie sowie die Wechsel, die ich einsetzen möchte. Bevor der Parcours zur Besichtigung freigegeben wird, weiß ich also schon genau, wo es langgeht und wie ich meinen Hund durch den Parcours führen will.

Gibt der Richter dann die Begehung frei, ist es wichtig, sich Verleitungen und Winkel genau anzuschauen. Bücken Sie sich auch mal und schauen Sie aus der Perspektive des Hundes, was dieser wirklich sieht, wenn er aus dem Tunnel kommt.

Sich den Weg einzuprägen und sich bildhaft vorzustellen, welches die beste Linie für den Hund ist, sind die wesentlichen Punkte bei der Begehung. Manchmal ist nicht immer die engste Linie die schnellste. Zählen Sie beispielsweise die Schritte in beide Richtungen und beziehen Sie auch die Linie des Hundes mit ein. Muss er beispielsweise einen Weg gegen die Laufrichtung einschlagen, dann wählen Sie die Kurve auch größer, damit der Laufweg auch wirklich real ist.

Haben Sie einmal entschieden, wo der Hund laufen soll, müssen Sie festlegen, wie Sie das bewerkstelligen. Welche Wechsel setzen Sie wo ein? Manchmal muss man auch ein paar Abstriche machen. Auf den heutigen schnellen Parcours wäre eventuell eine Linie schneller, aber läuferisch bekommt man es einfach nicht hin, dann müssen Sie sich für Plan B entscheiden. Wo müssen Sie wie schnell weg, um rechtzeitig am nächsten wichtigen Punkt zu sein?

Gehen Sie strategische Punkte immer wieder ab, damit Sie das »in die Füße bekommen«. Gehen Sie den Parcours auch immer wieder in dem Tempo ab, in dem Sie ihn zum Schluss rennen. So bekommen Sie den richtigen Ablauf der Drehungen im realen Tempo in die Beine und in den Kopf.

Schließen Sie in einem nächsten Schritt Ihre Augen und versuchen Sie den Parcours blind auf einem Raum von ca. 3 x 3 m zu absolvieren.

Hunde lieben Rituale: Bitte geben Sie sie Ihrem Hund. Machen Sie immer dieselben Dinge vor dem Start, damit der Hund genau weiß, was passiert. So können Sie auch mal hektische Situationen – wie eine Meisterschaft – beruhigen, weil der Hund ein ihm bekanntes Muster erkennt, das ihm Sicherheit gibt. Ändern Sie niemals Ihren Plan. Bleiben Sie immer bei dem, was Sie bei der Parcoursbegehung entschieden haben. Nur weil ein Plan z.B. bei einem anderen nicht funktioniert, heißt das noch lange nicht, dass er bei Ihnen auch schiefgehen muss. Wenn Hundeführer mit wenig Routine ihren Plan kurzfristig geändert haben, und deswegen in einer Sequenz unsicher werden, geht das jedoch häufig schief, weil der Hund nicht mehr versteht, was er soll.

Wenn der Läufer vor mir an der Reihe ist, gehe ich den Parcours für mich nochmals genau durch und lasse mich nicht mehr ablenken. Der Hund schenkt mir 100 Prozent Aufmerksamkeit, deswegen ist es meine Pflicht, ihm dieselbe entgegenzubringen.

Uuuuund: Haben Sie Spaß! Das ist das Wichtigste für Ihren Hund, damit er sich wohl fühlt.

Geräteerkennung

Ein absolutes Muss für meine Trainingsteilnehmer und meine eigenen Hunde ist die Geräteerken-

Obwohl der Hund von der Laufrichtung her eigentlich den Tunnel geradeaus als Hindernis sieht, fädelt er auf das Kommando »Slalom« selbständig ein. Sie können dem Hund ein bisschen helfen, indem Sie die Füße in Richtung Slalom drehen. Aber eigentlich ist Slalom ganz einfach Slalom ...

nung. Das heißt, ich bringe ihnen bei, gewisse Geräte auf ein Kommando zu suchen. Zu diesen Geräten gehört der Slalom, die Zonen (wobei die Wippe ein eigenes Kommando hat) sowie der Tunnel. Mit einfachen Übungen bläue ich ihnen die Namen der Geräte immer wieder ein.

Jeder Hund hat seine eigenen Präferenzen. Die einen gehen lieber in den Tunnel, die anderen lieber auf das Zonengerät (hierbei muss angeführt werden, dass die meisten Hunde mit Runnings von sich aus die Zonen suchen, diese wurden ja soooo oft gearbeitet und bestätigt). Diese Vorliebe gilt es immer im Hinterkopf zu behalten. Lieber in einem wichtigen Lauf auf Sicherheit laufen, damit der Hund wirklich das richtige Gerät absolviert.

So kann man das üben:

Der Tunnel und die Zone stehen in einiger Entfernung von einander. Jetzt wird der Hund durch den Tunnel geschickt und ausgiebig dafür gelobt, dass er das Kommando Tunnel richtig absolviert hat. Dasselbe machen wir danach mit dem Zonengerät. Bei Erfolg werden die Geräte näher zusammengeschoben. Der Hundeführer hilft dem Hund dabei nicht allzu viel mit der Körpersprache, um das richtige Gerät zu treffen.

Klappt das recht gut, wird der Tunnel unter die Zone geschoben und immer wieder wird der Hund für das richtige Absolvieren gelobt. Klappt diese Übung auf kurzen Sequenzen, werden die jeweiligen Gerätekommandos auch in längeren Sequenzen abgefragt. Als zusätzliche Schwierigkeit und um zu überprüfen, ob der Hund wirklich das Kommando verstanden hat, kann der Hundeführer explizit auf den Tunnel zugehen und mit den Körpersignalen den Tunnel anzeigen, aber das Kommando »Auf« o.ä. benutzen. So können Sie prüfen, ob der Hund auf Ihren Körper schaut oder wirklich das Gerät mit Namen kennt. Dasselbe wird mit dem Slalom und dem Tunnel geübt. Auch wenn der Hundeführer auf den Tunnel zugeht, weil er zum Beispiel hinter dem Hund kreuzen möchte, soll der Hund auf das Kommando »Slalom« den Slalom abarbeiten.

Kurzspringen

Bei meinen Hunden übe ich immer wieder die Richtungskommandos und vor allem das Kurzspringen. Ich möchte, dass sie dies unabhängig von meiner Körpersprache auf Kommando machen. Dazu kommt noch, dass jeder Hund seine (starke) Lieblingsseite hat und diese beim geringsten Zweifel eher anbietet, als seine schwächere, weniger koordinierte Seite. Das bedeutet, dass ich nicht umhinkomme, die schwache Seite zu stärken. Sollte der Hund Mühe haben, überhaupt kurz zu springen, lasse ich ihn immer zweimal wickeln, so dass er nicht einfach denkt: »Einmal ein bisschen rausspringen genügt.« Es gibt Hunde mit der Einstellung: »Wer bremst, verliert!« Denen muss man leider immer wieder klarmachen, dass sie sich zurücknehmen sollen, um einigermaßen gesund über den Parcours zu kommen. Eine gute Übung ist die in der Grafik rechts beschriebene: Der Hund soll nicht das Gefühl haben, dass es immer nur geradeaus oder immer nur eng geht. Er soll stattdessen das gewünschte Verhalten je nach Bedarf anbieten können.

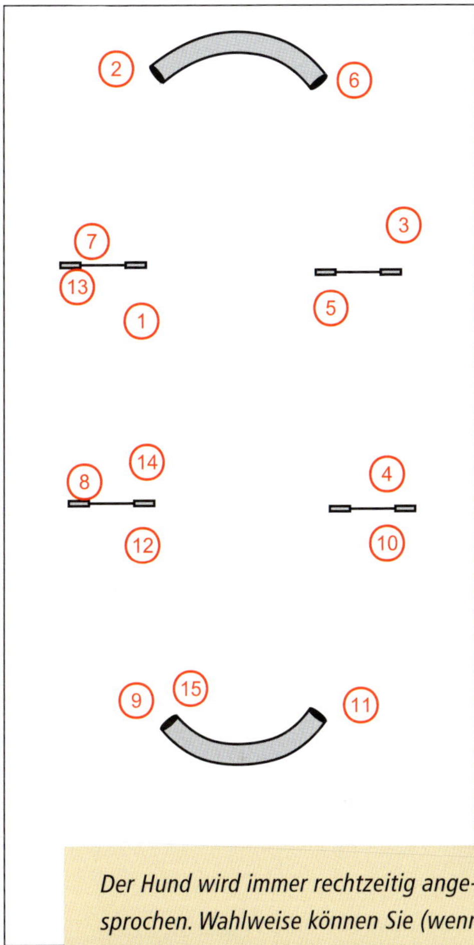

Der Hund wird immer rechtzeitig angesprochen. Wahlweise können Sie (wenn Sie »Left« und »Right« aufgebaut haben) den Hund von sich weg oder zu sich hin dirigieren. So trainiert man nicht nur das Kurzspringen, sondern man kann auch die Richtungskommandos üben.

Slalom

Leider gehört auch der Slalom zu den Fleißarbeiten. Sichere Slalomeingänge aus allen Winkeln, Slalom eng und aus Distanz geführt brauchen viel Übung. Je öfter ich den Slalom übe, umso sicherer wird mein Hund an dem Gerät arbeiten. Aber übertreiben sollte man es nicht: Der Slalom verlangt sehr viel Konzentration und belastet die Gelenke. Bei Seminaren mit dem Schwerpunkt Slalomtraining wird an diesen Geräten noch intensiver gearbeitet.

Es ist unerlässlich, dass der Hund lernt, auch den schwierigen offenen Eingang selber zu treffen, ohne dass der Hundeführer zur zweiten Stange läuft.

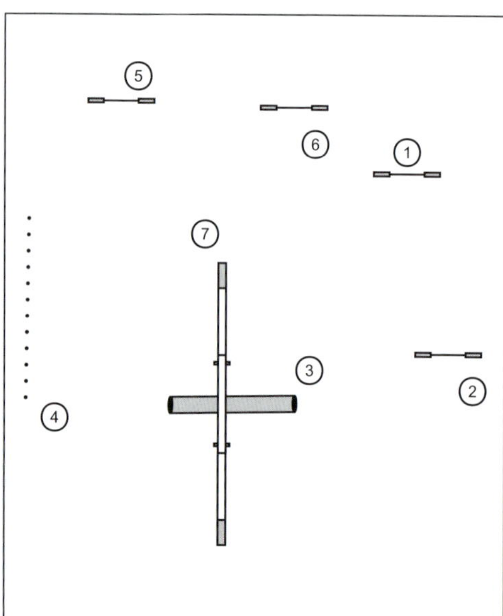

Wie bei allen Geräten, bei denen der Hund selbstständiges Arbeiten lernen soll, soll er auch hier den Slalom abarbeiten – egal ob ich bei ihm bin, von ihm weglaufe oder gar nicht da bin. Hier bieten sich sehr viele Übungen an, die den Hund in diesem Bereich schulen. Je mehr Ablenkung er beim Slalom verträgt, desto sicherer wird er auch auf dem Turnier, auf dem natürlich sehr viele Ablenkungen auf ihn warten.

Ob der Slalom in die Ecke einer Halle verläuft und der Hundeführer gleichzeitig wegrennt oder ob ein Hund am Rande nur einen Meter weg kläfft: Der Fokus des Hundes sollte einzig und allein auf das Gerät gerichtet sein.

Hier kann beliebig vor oder nach dem Slalom gewechselt werden. Mal mit einem Kreuzen hinter dem Hund (den Hund in den Slalom schicken) und mal mit blindem oder Frontwechsel. Variationen gibt es viele. Natürlich kann man auch nur mit den einzelnen Sprüngen die Eingänge trainieren und den Hund dafür loben.

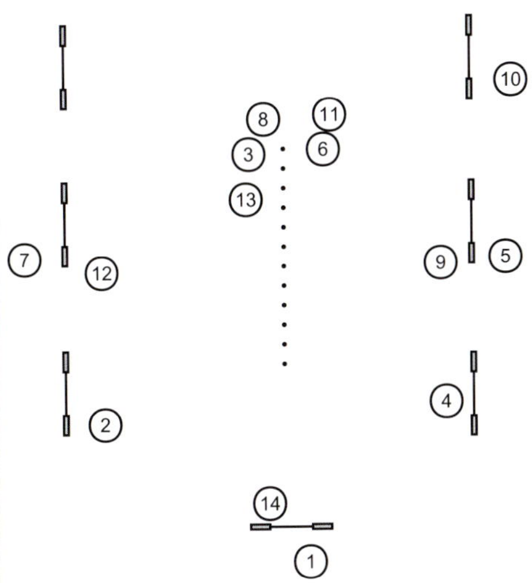

Eine tolle Slalomübung: Einmal kann beim Eingang gewechselt werden und einmal am Ende.

Ablenkung beim Slalom

Legen Sie Würstchen links und rechts des Slaloms aus. Wichtig ist, dass der Hund diese nicht essen kann, wenn er aus dem Slalom herausrennt. Sie müssen weit genug entfernt liegen, damit eine Hilfsperson genügend Zeit hat, sie zu entfernen, sollte der Hund vergessen, dass er eigentlich gerade den Slalom abarbeiten soll.

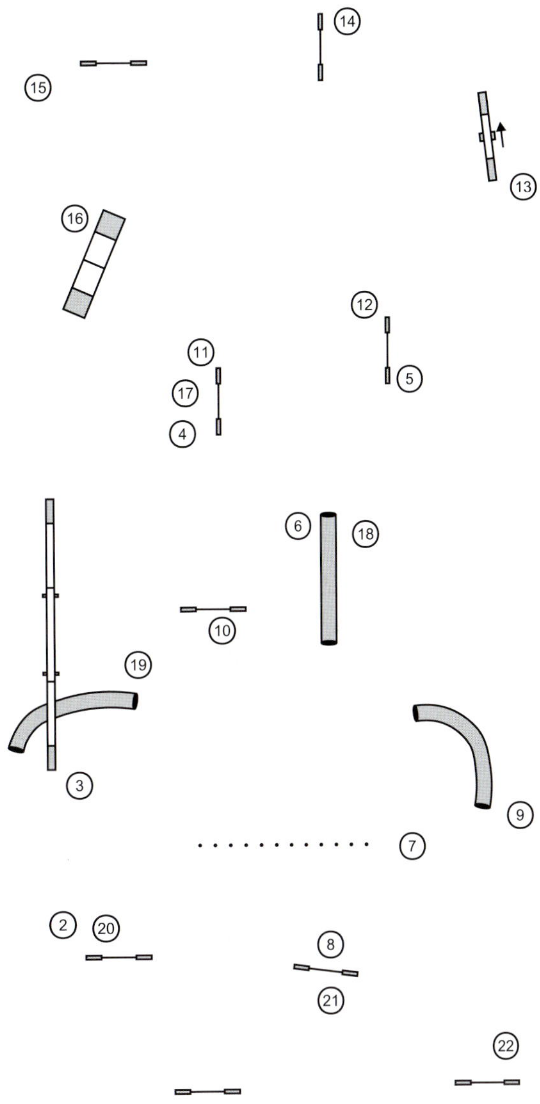

Oktober 2019 Münsingen
Off. Lauf SML 3

Bei diesem von mir gebauten Parcours ist der Hundeführer nicht nah beim Hund. Durch den Tunnel links vom Slalom kann der Hund auch nicht nach außen gezogen werden. Das heißt man sagt »Slalom« und der Hund muss diesen einfach alleine suchen können.

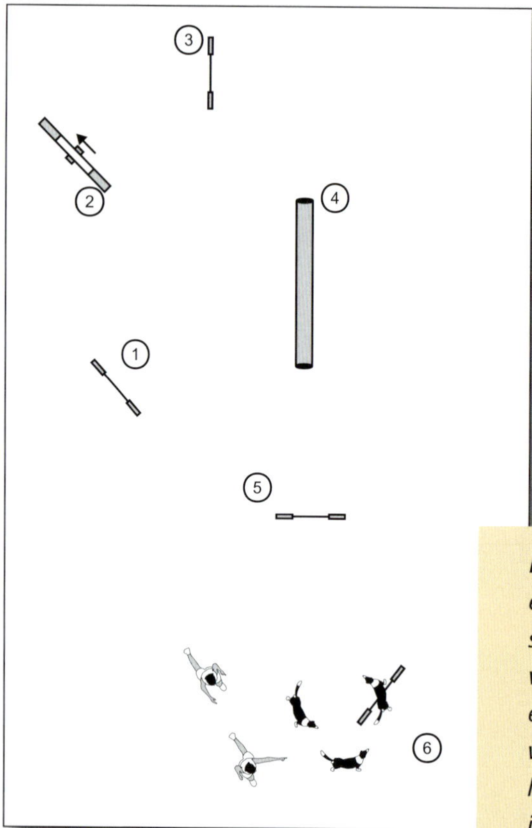

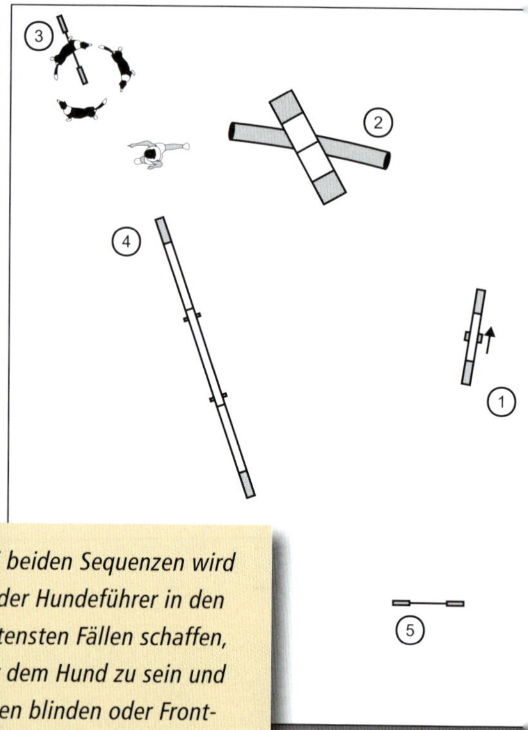

Bei beiden Sequenzen wird es der Hundeführer in den seltensten Fällen schaffen, vor dem Hund zu sein und einen blinden oder Frontwechsel zu machen. Hier lohnt sich der Aufbau auf jeden Fall.

Spielen Sie mit einem Ball (vor dem Hund oder über ihm), stolpern Sie absichtlich oder machen Liegestützen. Rennen Sie in die entgegengesetzte Richtung (der Hundeführer startet am Ende des Slaloms, nachdem er dem Hund das Slalomkommando gegeben hat und rennt zum Anfang des Slaloms).

»Left«/»Right«

Und immer wieder lohnt es sich, das »Links« und »Rechts« zu üben. Es gibt Situationen, da ist man froh, dass man den Hund auch alleine schicken kann. Für den Hund ist es eine kleine Fleißarbeit, dass er immer wieder alleine arbeiten muss und auch ohne Hilfe des Hundeführers. (Siehe 2 Grafiken oben.)

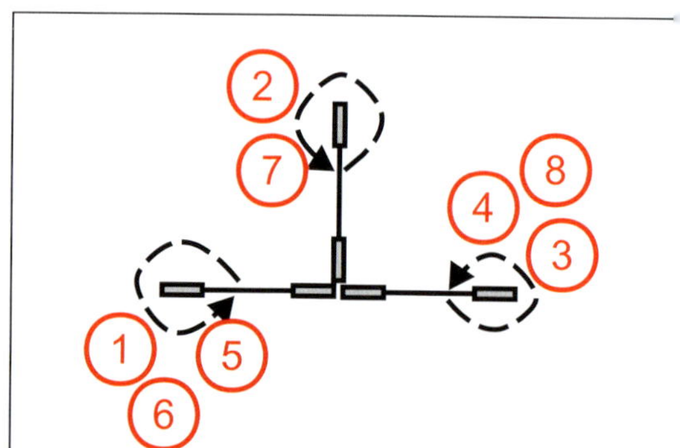

Hier eine kleine Anregung, die sich beliebig verändern und erweitern lässt.

Left/Right: *Hier sind der Fantasie keine Grenzen gesetzt. Bauen Sie die Hilfestellung mit Hand und Schulter ab, variieren Sie zwischen links und rechts.*

Problembewältigung

XI. Problembewältigung

Dieses Kapitel ist dazu gedacht, diverse festgefahrene »Fehler« zu beheben. Es handelt sich dabei um gesammelte Tipps und Tricks, die ich in meiner Agility-Laufbahn kennen gelernt oder die ich selbst ausgetüftelt habe. Oft wird der Clicker erwähnt. Bitte besuchen Sie einen Clickerkurs, bevor Sie den Knackfrosch selber nutzen, oder lesen Sie Bücher über diese Ausbildungsmethode. Wichtig ist, dass auf einen »Click« immer eine Bestätigung für den Hund folgt. Nur so lernt er, dass sein gezeigtes Verhalten richtig ist.

Zonengeräte

Aufgang

Immer wieder stelle ich fest, dass der Hund darauf konditioniert wurde, den Aufgang zu springen. Aus lauter Angst, dass der Hund den Aufgang verpassen könnte, wird ein riesiges Problem daraus gemacht.

Wenn der Hund ausgebremst wird, dann wird er seinen Galoppsprung verkürzen – und ihn direkt vor der Aufgangszone wieder verlängern. So macht er genau deshalb einen größeren Satz und springt über die Aufgangszone. Dem Hund wurde also beigebracht, seine Galoppsprünge vor dem Gerät zu verkürzen und in der Phase der Beschleunigung (beim Gerät) größere Galoppsprünge zu machen. Das ist jedoch genau das, was wir nicht haben möchten. Überspringt ein Hund in einem von zehn Versuchen den Aufgang, würde mich dies nicht interessieren, da ich durch zu viel Üben auch Zonenfehler antrainieren kann.

In der Aufbauarbeit von Avalon erwischten wir kaum einmal die Aufgangszone. Dann wurde er schneller und damit auch flacher. Mittlerweile starte ich seit 1,5 Jahren in der Large 3 und habe noch nie einen Aufgangfehler bekommen. Ich lasse die Hundeführer bei mir im Aufbau-Training die Hunde eher zu mehr Tempo pushen – und siehe da: In der Regel springen die Hunde dann mitten in den Aufgang.

Es kommt meist auf den Winkel an, mit welchem der Hund die Zonen betritt. Finden Sie heraus, bei welchen Distanzen und bei welchen Winkeln der Hund überhaupt springt, und konzentrieren Sie sich nur auf die Winkel, die dem Hund auch Probleme verursachen.

Taktstange – Schwimmnudel

Es werden zwei Schwimmnudeln zusammengebunden und unten gerade geschnitten, damit diese auch liegen bleiben und nicht herrumrollen. Die Breite entspricht ungefähr der Breite des Bretts am Laufsteg.
Diese Variante eignet sich vor allem für Hunde, die sich noch im Aufbau befinden. Das Weitsprungteil

wird ca. zwei Fußlängen (Größe 38) vor der Zone hingestellt. Probieren Sie mit der Distanz etwas herum, oft passen jedoch diese zwei Schuhlängen. Der Hund muss jetzt vor der Taktstange abspringen und wird deshalb genau in der Zone landen. Dieses Verhalten wird dann geclickt. Der Hund hat so eine Chance, seinen Anlauf und seine Galoppsprünge zu automatisieren.

Nachteil: Auch wenn diese Möglichkeit bei jedem Training angewandt wird, kann es sein, dass der Hund ohne Schwimmnudel wieder in seinen alten Rhythmus zurückfällt und die Zone erneut überspringt. Da ich das Prinzip vertrete, dass im Training und im Wettkampf (vor allem optisch) dieselben Bedingungen herrschen sollten, wird der Hund sich eventuell auf eine optische Bedingung einstellen, die im Wettkampf wegfällt. Dies erschwert dem Hund den Lernprozess. Nichtsdestotrotz habe ich diese Methode schon oft erfolgreich im Aufbau bei Malis und ähnlich großen Hunden angewandt. Und trotz Abbau der Schwimmnudel hatten diese Hunde danach keinerlei Mühe, den Aufgang zu treffen.

Dieses Utensil wird etwa zwei Fußlängen vor dem Steg platziert.

Target

So wie der Hund bei den Runnings lernen soll, ein gewähltes Target zu treffen, soll er dies auch auf dem Aufgang tun. Da bei den Runnings beim Abgang eher die Hinterbeine als Kriterium gelten und beim Aufgang die Vorderbeine, sollten unterschiedliche Targets gewählt werden. Vielleicht ein rundes oder ein optisch etwas herausragendes Target.

Nachteil: Bei nicht konsequenter Ausführung wird der Hund den Aufgang bald wieder überspringen.

»Two on two off«

Der Hund soll beim Abgang mit zwei Pfoten auf dem Boden und mit zwei Pfoten auf dem Gerät stehen. Wir handhaben das Training dieser Anforderung beim Abgang analog dem des Aufgangs. Bei jedem Betreten des Geräts wird der Hund genau in dieser 2/2-Position angehalten. Der Hund wird schon mit den Vorderpfoten auf den Laufsteg gestellt, dann wird der Laufsteg absolviert. Danach stellt sich eine Hilfsperson hin und füttert den Hund an der gewünschten Stelle. Die Übung kann auch mit dem Target kombiniert werden, bis der Hund weiß, wo er welche Position einnehmen soll. Diese Position wird mit einem Kommando wie »Steh« unterstützt.

Nachteil: Eine der langsamsten Methoden. Für mich der letzte Schritt, denn wird dies nicht konsequent auf dem Turnier angewandt wie im Training, wird der Hund bald springen.

Abgänge

Eigentlich sind alle Methoden, die vorher beim Aufgang beschrieben wurden, auch beim Abgang durchführbar. Es spielt eigentlich keine Rolle, für welches System man sich entscheidet. Wichtig ist aber bei jeder Variante die Konsequenz. Die meisten Probleme entstehen erst durch inkonsequente Arbeit auf den Turnieren.

»Hoop«

Ein Bogen aus PVC-Rohr wird beim Abgang hingestellt. Dieser wird so hoch bzw. niedrig gewählt, dass der Hund sich etwas (nicht zu viel) ducken muss. Dadurch ist es ihm nicht möglich, die Zone zu überspringen. Die Duckbewegung wird jedes Mal geclickt, so dass der Hund diese Bewegung automatisiert, schließlich immer in dieser Körperhaltung auf die Zonengeräte kommt und so die Zone treffen wird. Diese Methode haben wir schon oft, vor allem bei Small-Hunden, angewandt.
Nachteil: Dieser Bogen muss abgebaut werden und ist optisch sichtbar. Steht er dann nicht mehr bei der Zone, kann es sein, dass der Hund nicht in die erwünschte Duckhaltung kommt.

»Two on two off«

Häufig sehe ich, dass viele auf dem Turnier die 2/2-Zonen einfach immer durchlaufen lassen und irgendwelche »Pseudorunnings« haben. Natürlich funktioniert dies nicht nachhaltig, denn der Hund hat ja nie richtig gelernt, was er wirklich tun soll. Im Training soll er stehen bleiben und im Turnier darf er einfach irgendwas. Natürlich funktioniert dies zu Beginn, weil der Hund davon ausgeht, dass er stehen bleiben soll. Dies hat er ja im Training so gelernt. Irgendwann erkennt er aber, dass auf Turnieren nicht die gleichen Regeln gelten und hüpft über die Zone. Nun kommt der Druck, weil man ja keinen Fehler haben möchte und der Hund wird langsamer und langsamer. Weil der Hund aufgrund seiner Sozialstruktur dem Druck ausweichen möchte, um Konflikte zu vermeiden, wird er versuchen, so schnell wie möglich von der Zone wegzukommen. Das Springen einer Zone ist also durchaus ein normales Verhalten.

Erschwertes Training auf der Kontaktzone

Steht ein Hund im Training beispielsweise auf Kommando schön brav auf der Kontaktzone und wartet, erschwere ich ihm die Bedingungen. Hier einige Beispiele: Der Tunnel oder ein anderes Lieblingsgerät wird bis zu einem Meter an den Abgang herangestellt. Eine Futterschüssel für verfressene Hunde oder Spielzeug für verspielte Hunde werden einen Meter hinter der Zone platziert. Obwohl der Hund nun gerne Futter oder Spielzeug haben möchte, soll er sich auf die Zonen konzentrieren und erst auf das Auflösekommando hin das Spielzeug holen oder das Lieblingsgerät absolvieren. Stellen Sie bitte sicher, dass ein Helfer in der Nähe der Ablenkung steht, damit sich der Hund für ein Fehlverhalten nicht selbst bestätigen kann. Das heißt, die Hilfsperson stellt sich vor den Tunnel, tritt auf das Spielzeug oder nimmt das Futter weg.

Allgemeine Probleme

Der Hund bleibt auf dem Scheitelpunkt der Wand stehen

Immer wieder ist zu beobachten, dass Hunde oben auf dem Scheitelpunkt der Wand stehen bleiben. Erfahrungsgemäß hat das folgende Gründe: Der Hundeführer macht zu viel Druck bei der Zone, dadurch reagiert der Hund mit Meideverhalten. Er hat noch nicht begriffen, was von ihm auf der Zone erwartet wird und ist unsicher. Oder es liegt ein medizinisches Problem vor. Die Methode »two on two off« setzt eine starke Schulter-, Rücken-

und Bauchmuskulatur voraus und kann nur unter Schmerzen eingenommen werden, wenn der Hund Schulter- oder Rückenprobleme hat.

Auch Hunde, die Probleme mit der Hinterhand haben, tun sich schwer, da sie die Hinterhand zum Bremsen brauchen, und das Abbremsen mit schwachen Hinterbeinen nur schlecht funktioniert. Bei nicht medizinischen Gründen versuchen Sie, einige Schritte zurückzugehen, weniger Druck auszuüben und beispielsweise mit einem Spielzeug zu arbeiten, damit der Hund die Zone als etwas Tolles empfindet.

Sobald der Hund das Verhalten »Stehenbleiben auf dem Scheitelpunkt« zeigt, halte ich eine Stange in ca. 10 cm Abstand am Anfang des absteigenden Teils hin. Für den Hund ist dies beim Erklimmen der Wand nicht ersichtlich. Weil dieses »Fremdobjekt« jedoch so positioniert ist, wird der Hund gezwungen, darüber zu springen: Sie lassen ihm gar keine Möglichkeit, auf dem Scheitelpunkt stehen zu bleiben, weil er dort keinen Halt mit den Pfoten hat. So macht man dem Hund das unerwünschte Verhalten unmöglich und er wird es wieder ablegen.

Der Hund hat gelernt zu fliegen.

Der Hund geht zu langsam über den Laufsteg

Border Collies »klemmen« häufiger in der Abgangszone, d.h. sie verfallen in eine Art »Hüten«. Es kann sich jedoch auch um eine Art Beschwichtigung handeln, denn Verlangsamen des Tempos sollte uns ja wohlwollend stimmen. Wenn der Hundeführer nun die Geduld verliert, den Hund am Schopf packt und herunterzieht, wird es nur noch schlimmer (leider habe ich dies schon häufig gesehen). Hier wäre es eher angebracht, dass man den Hund auf etwa die Mitte des Stegabgangs oder noch tiefer hebt und unten das Spielzeug hinlegt. Jetzt kann man wunderbar das Ready-Steady-Go-Spiel machen.

Hierbei geht es jetzt überhaupt nicht darum, dass der Hund unten im 2/2 steht, sondern dass er wieder motiviert bis zum Ende läuft. Macht er das wieder, darf er sich danach auf die Zone stellen und ich mache von da aus das Ready-Steady-Go-Spiel. Wichtig ist, dass der Hund gelobt wird, sobald er unten ankommt. Für den Hund soll die Zone der beste und angenehmste Ort der Welt sein. Der Hund, der sich nicht in den »Druckbereich« hineintraut und deswegen das Tempo verlangsamt, soll hier einfach die Sicherheit erhalten, dass er es richtig macht. Vermehrter Druck bewirkt in dieser Situation genau das Gegenteil des gewünschten Verhaltens.

Der Hund bremst oder bleibt beim Aufgang auf dem Laufsteg stehen

Oft verwechseln die Hunde die Wippe mit dem Laufsteg und nehmen an, sie würden sich auf der Wippe befinden. Meist bleiben sie auch genau an dem Punkt stehen, an dem die Wippe sich bewegen würde. Wenn man einmal auf die Knie geht ist ersichtlich, dass die beiden Planken genau gleich aussehen, mit dem kleinen Unterschied, dass der Laufsteg Klimmlatten aufweist und die Wippe zwei Kontaktzonen. Man kann das korrigieren, indem man, während der Hund den Laufsteg überwindet, ein Geräusch macht, beispielsweise »Gsch-gsch-gsch«. So kann sich der Hund an unserem Kommando orientieren. Auch habe ich in Hallen schon oft erlebt, dass Sonnenlicht genau auf den obersten Teil des Stegaufganges fällt – und auch routinierte Hunde anhalten, weil es für sie so aussieht, als wäre es die andersfarbige Abgangszone der Wippe.

Schlussbemerkung

Das Allerwichtigste bei der Ausbildung ist, dass Sie bei einer Methode bleiben und mit ihr konsequent im Training und im Wettkampf arbeiten. Wenn Sie ständig die Methoden wechseln, verwirrt das den Hund. Eine konstante Ausführung ist für ihn nicht möglich, da sowieso ständig etwas anderes verlangt wird. Zudem gibt es keine Wundermethoden: Hat der Hund etwas Unerwünschtes gelernt, ist es schwer, ihm dies wieder abzugewöhnen. Zeit ist hier ein wichtiger Faktor. Eine schlechte Angewohnheit lernt der Hund sehr schnell, sie ihm wieder abzugewöhnen dauert um ein Vielfaches länger!

Wippe

Angst vor der Wippe

Ich habe viele Hunde kennen gelernt, die Fehlverknüpfungen auf der Wippe gezeigt haben.
Der Hund zögert z.B. auf der Wippe und bleibt stehen. Das Resultat ist, dass der Hundeführer einen Keks aus der Tasche zieht und den Hund besticht, über die Wippe zu laufen. Hunde sind nicht blöd und merken sich sehr bald, dass sie durch ihr Zögern den Hundeführer veranlassen, einen Keks ins Spiel zu bringen. Dies ist ein klassisches Bestätigen (in dem Fall von nicht erwünschtem Verhalten), nur ist sich der Hundeführer dessen nicht bewusst. Nehmen Sie von Beginn an den Ball oder ein »Gutzi« in die Hand und führen den Hund so über die Wippe. Beim Zögern hilft es, den Hund am Geschirr zu führen und ihm damit mehr Sicherheit zu geben. Viele Hundeführer machen auch den Fehler, ihrem Hund davonzulaufen – mit dem Resultat, dass der Hund von der Wippe springt.
Stellen Sie sich folgende Situation vor: Ein Kind fürchtet sich im Wald. Wenn man das Kind alleine lässt, wird es nun weniger Angst haben? Sicher nicht! Genauso verhält es sich beim Hund; die Angst wächst, wenn der Hund sich alleine fühlt. Bei vielen spielverrückten Hunden nützt es, den Ball in die Hand zu nehmen und den Hund zu locken. (Beachten Sie dabei die Zonenarbeit erst einmal nicht, Sie können nur an einer Sache arbeiten.) Sobald der Hund die Wippe herunterdrückt, werfen Sie den Ball. Der Hund wird nun vielleicht auch die Zone überspringen; meiner Meinung nach sollte der Hund jedoch erst die Wippe motiviert laufen, bevor man sich an die Zonenarbeit macht. Bei Hunden, die nicht nur Unsicherheit, sondern wirklich Angst zeigen, muss man etwas behutsamer vorgehen.

Am besten konditioniert man den Hund auf den Clicker. Ich möchte, dass der Hund nur das macht, was für ihn auch (unter Stress) möglich ist. Wichtig ist, dass die Wippe nie gekippt wird, solange der Hund sie nicht motiviert hochläuft. Stellen Sie bei Bedarf einen Sprungausleger unter die Wippe, damit sie sich überhaupt nicht bewegen kann. So können Sie sich nur auf den Hund konzentrieren und nicht mehr auf den Kraftakt, die Wippe zu halten.

Der Hundeführer führt den Hund nun auf die Wippe. Wenn der Hund zögert und die Wippe gar nicht betreten will, verlangen Sie von ihm nur einen Schritt auf die Wippe: dann »Click« & Futter. Der Hund darf von der Wippe weg, denn der Click beendet die Übung.

Gehen Sie immer nur so weit, wie es der Hund anbietet, dann erst verlangen Sie einen Schritt mehr. Der Hund wird jetzt immer wieder die Pfoten auf die Wippe setzen: »Click« & Futter – und er darf von der Wippe weg. Verlangen Sie nun einen weiteren Schritt. Wichtig bei dieser Methode ist, dass der Hund weder gelockt noch geködert wird. Er soll die Schritte von sich aus machen. Der Hund wird nun stehen bleiben und zögern, weil das reine Berühren der Wippe beim ersten Mal schon Erfolg (= Futter) brachte. Halten Sie den Hund an der Leine oder am Halsband fest, damit er nicht von der Wippe herunterspringen kann.

Warten Sie nun, locken Sie nicht, haben Sie Geduld. Der erste Schritt, den der Hund von sich aus auf die Wippe macht, wird geclickt. Tragen Sie dann den Hund von der Wippe, lassen Sie ihn nicht runterspringen, er wird sich das sonst zur Gewohnheit machen.

Nun lassen Sie den Hund wieder auf die Wippe gehen. Er wird an irgendeinem Punkt stehen bleiben. Verlangen Sie immer einen Schritt mehr. Clicken Sie und heben Sie ihn wieder runter. Wiederholen Sie das so Schritt für Schritt, bis der Hund ganz bis zum Ende läuft. Nun gehen Sie erneut einen Schritt weiter, indem Sie die Wippe ein kleines Stück runterkippen lassen, clicken und den Hund wieder herunterheben.

Es kann nun sein, dass der Hund wieder in der Mitte der Wippe stehen bleibt. Dann gehen Sie einen Schritt zurück und clicken wieder jeden Schritt, bis er erneut bis ans Ende läuft.

Wiederholen Sie diese Schritte, bis Sie die Wippe ganz herunterlassen können. Wichtig: Hören Sie nie mit dem Herunterlassen auf. Man könnte zwar jetzt meinen, dass der Hund erfolgreich gearbeitet hat und man die Übung beenden sollte. Sie wissen jedoch nicht, ob dem Hund nicht zu viel Stress zugemutet wurde. Wenn Sie jetzt die Übung beenden, wird der Hund möglicherweise gestresst vom Gerät weggehen.

Beenden Sie die Übung folgendermaßen: Wenn der Hund bis zum Ende der Planke läuft, füttern Sie ihn und tragen ihn dann herunter. Es gibt Hunde, die sich davor fürchten, das Brett mit ihren Vorderbeinen runterzudrücken. Mit diesen Hunden gehen Sie bis zum Wippenabgang und drücken mit den Füßen den Abgang herunter, bis noch eine Distanz von etwa zwei Zentimetern besteht. Lassen Sie nun den Hund mit mindestens einer Pfote die Wippe runterdrücken, clicken Sie und lassen ihn wieder vom Gerät weg. Dies ist ein Spiel, um dem Hund zu zeigen, dass er selbst die Bewegung auslöst. Das kann bei einigen Hunden Wunder wirken.

Es existieren verstellbare Wippenböcke, die man bis auf eine Höhe von 20 cm herunterstellen kann. Bevor der Hund nicht die niedrigste Höhe stressfrei (das heißt, ohne irgendwelche Stresssignale wie Nase lecken) absolviert, erhöhen Sie nicht.

Wenn man keinen Wippenbock besitzt, kann man das Problem auch mit zwei Tischen lösen. Der Aufgang der Wippe liegt auf dem Small-/Medium-Tisch und der Large-Tisch wird unter den Abgang gestellt – so muss der Hund nicht so steil hochlaufen und die Planke kommt auf den Large-Tisch herunter. Der Hund wird diese Situation einfacher meistern können, da die Planke nicht so steil heruntergelassen wird. Der Aufbau kann variiert werden, je nachdem, ob dem Hund das Kippen oder das Hochlaufen mehr Stress bereitet. Dann kann man auch die zwei Tische austauschen. Die Planke wird logischerweise immer durch eine Hilfsperson festgehalten. Am besten eignen sich jedoch die Wippenspiele, die unter Junghundetraining und Aufbau beschrieben wurden (siehe Seite 79). Selbst Hunde, die sich vor der Wippe gefürchtet haben, machen mit dieser Methode später eine sichere und tolle Figur auf der Wippe.

Lösungen beim Stangen-Reißen und Stangen-Unterlaufen

Variable Sprunghöhen

Es lohnt sich, die Stangen im Training immer unterschiedlich hoch zu legen und die Abstände zu variieren. Der Hund lernt dadurch, sich auf das Hindernis zu konzentrieren und sich auf jeden Sprung neu einzustellen. Bereits innerhalb kurzer Zeit kann man beobachten, dass der Hund seine Sprunghöhe genau der tatsächlichen Stangenhöhe anpasst.

Einen Schritt zurück mit der Sprunghöhe

Man beginnt damit, dass man die Stangen etwas tiefer legt. Vielleicht wurde der Hund mit der Erhöhung der Stangen überfordert. Als feste Regel gilt: Wenn man mit einem jungen Hund etwas Neues übt, legt man die Stangen wieder tiefer, damit der Hund nicht an die Stangen schlägt, weil er überfordert ist.
Weitere Tipps finden Sie im Kapitel 4 »Sprungtechnik«.

Slalom

Falsches Einfädeln

Bei einem offenen Eingang (also links geführt) laufen Sie auf die zweite Stange zu, bis der Hund richtig im Slalom eingefädelt hat. Im Extremfall umfassen Sie die zweite Stange mit einer Hand. (Vorsicht: Im Wettkampf kein Gerät anfassen!) Beim geschlossenen Eingang (also rechts geführt) laufen Sie auf die erste Stange zu, bis der Hund um die erste Stange herumläuft. Für Hunde, die mit Bögen aufgebaut sind, lohnt es sich, diese wieder zu benutzen. So lernt der Hund, die Eingänge selbstständig abzuarbeiten.

Der Hund überspringt eine Stange

Meistens ist der Hundeführer zu weit vorne, und der Hund versucht, ihn einzuholen. Oder der Hundeführer treibt den Hund zu stark an, sodass dieser aus dem Rhythmus fällt. Bleiben Sie zu Beginn auf Schulterhöhe des Hundes und erhöhen Sie die Distanz langsam. Oft überspringen Hunde beim offenen Eingang das zweite Törchen, weil sie nicht gelernt haben, bei steilen Winkeln das Tempo zu drosseln. Hier können Bögen Abhilfe schaffen; so muss der Hund selbstständig lernen, dass er sich zurücknehmen muss, um die steile Kurve auch passend zu erwischen. Sollte der Hund keine Bögen gewohnt sein, müssen Sie die Distanz und

Sequenzen zum Slalom 1 bis 4

die Winkel stetig erhöhen. Das wird zu einer Fleißarbeit. Aber auch hier sollte der Hund lernen, dies selbstständig zu bewältigen. Als kleine Hilfe können Sie zu Beginn einfach stehen bleiben, bis der Hund das zweite Tor erwischt hat, um ihn so nicht noch mehr in Stress zu versetzen, da er ja sowieso so schnell wie möglich ans Ende kommen möchte.

Der Hund kommt zu früh aus dem Slalom

Sollte sich der Hund noch im Aufbaustadium befinden, gehen Sie bitte einen Schritt zurück. Der Hund kann noch nicht ohne Hilfsmittel arbeiten. Viele Hundeführer tendieren dazu, den Slalom mental schon bei der zehnten oder elften Stange zu beenden. Oft machen Sie dann einen größeren Schritt nach vorne oder schauen bereits nach vorne auf das nächste Gerät. Versuchen Sie, sich eine dreizehnte und sogar eine vierzehnte Stange hinzuzudenken. So bleiben Sie so lange konzentriert, bis der Hund zu Ende gearbeitet hat.

Oft ist für den Hund die Verleitung nach dem Slalom zu groß: Tunnel zum Beispiel ziehen den Hund magisch an und er kann sich nicht bis zum Ende konzentrieren. Stellen Sie im Training den Tunnel oder andere interessante Geräte etwas weiter weg oder stellen Sie eine Hilfsperson vor dem Tunnel ab.

Vergessen Sie nicht, Ihren Hund ausgiebig zu loben, wenn er den Slalom perfekt gearbeitet hat. Bei erfolgreichem Gelingen wird der Tunnel immer näher geschoben, so dass der Hund auch lernt, den Slalom zu beenden, wenn der Tunnel 50 cm danebensteht.

Motivation

Immer wieder höre ich, dass der Hund nicht motiviert ist. Wenn ich mir dann anschaue, wie die Leute mit ihren Hunden arbeiten, kann ich das oft verstehen. Als erstes sollte der Gesundheitsstatus des Hundes abgeklärt werden. Vielleicht kann er wirklich nicht schneller, weil er sich aufgrund von Schmerzen schont. Dies können Schmerzen an Schultern, Bizeps, Rücken, Hüfte, Hinterbeinen oder auch Herzbeschwerden usw. sein.

Spielen Sie mit Ihrem Hund, so dass Sie genau so ausgepowert sind wie er. Erst dann gehen Sie zurück auf den Parcours. Wählen Sie ein Gerät, das der Hund gerne macht, zum Beispiel den Tunnel. Warten Sie aber nicht untätig, sondern rennen Sie mit dem Spielzeug in der Hand schon los. Am besten benutzen Sie ein Spielzeug mit langer Kordel, das idealerweise auch noch am Boden hinterhergeschleift werden kann. Loben Sie den Hund, wenn er bei Ihnen ankommt und spielen Sie wieder ausgelassen mit ihm. Machen Sie dieses Spiel mehrere Male. Versuchen Sie wirklich, selbst so ausgelassen zu sein, wie Sie es sich von Ihrem Hund wünschen. Bleiben Sie nicht gelangweilt stehen, sondern rennen Sie schon weg, bevor der Hund da ist – aber so, dass er Sie noch erwischen kann, wenn er sich anstrengt.

Für mehr Motivation im Slalom zum Beispiel ist es bei vielen Hunden nicht sinnvoll, wenn das Spielzeug am Ende liegt: Sie möchten es gerne vor der Nase haben – so ähnlich wie die Karotte, die man dem Esel vor die Nase hält, um ihn zum Laufen zu ermutigen. Nun kann es aber auch sein, dass der Hund nur noch dem Spielzeug hinterher möchte. Bleiben Sie ruhig und tadeln Sie ihn nicht dafür. Der Hund hat wenigstens einen Versuch gemacht, schneller zu sein und fällt vielleicht auch aus dem Takt. Rennen Sie einfach wieder nach vorne und fangen Sie neu an. Dieses Mal vielleicht mit etwas weniger Trieb und Trallala mit Spielzeug oder Futter – so, dass der Hund die Aufgabe bewältigen kann. Mit zu vielen Fehlversuchen wäre der Hund noch frustrierter und würde dann langfristig eventuell noch langsamer im Slalom sein.

Spielzeuge sollen hüpfen, Geräusche machen und sich toll bewegen. Die Jagdlust des Hundes soll

Dem Hund wird das Spielzeug vor die Nase gehalten. Er wird damit vor dem Slalom noch etwas »aufgedreht« und dann geht's los. Am Ende wird der Hund mit dem Spielzeug belohnt und es findet ein schönes Zerrspiel zwischen Hund und Mensch statt, wobei Sie den Hund auch ausgiebig loben.

geweckt werden. Welche Beute ist schon attraktiv, wenn sie einfach nur da liegt?

Bestätigen Sie Ihren Hund oft – vor allem dann, wenn er sich richtig angestrengt hat, nicht dann, wenn die Übung beendet ist. Wählen Sie kurze Sequenzen, so dass der Hund nicht lange auf eine Bestätigung warten muss. Je öfter der Hund belohnt wird, desto besser. Haben Sie Spaß, vermeiden Sie das Wort »Nein«. Brechen Sie auch nicht »innerlich ein«, was Sie dem Hund unter Umständen mit Ihrer Körperhaltung zeigen.

Wenn mal etwas nicht geht, ist es auch nicht tragisch. Absolviert der Hund ein Gerät vielleicht nicht ganz richtig, weil Sie zuviel mit dem Spielzeug vor seiner Nase herumhantieren, ist das nicht so schlimm, er kennt die Situation ja unter Umständen noch nicht. Versuchen Sie, den Hund nur so viel mit dem Spielzeug zu motivieren, dass er die Übung noch erfolgreich absolvieren kann. Sonst ist er am Ende frustriert, da er z. B. den Slalom wegen der Ablenkung nicht richtig absolviert hat und dann getadelt wird. Reagieren Sie eher mit »Hui« als mit »Pfui«. Unsere Hunde sind keine »Arbeitsmaschinen«, denen alles egal ist. Da gibt es durchaus viele Sensibelchen.

Der Hund hat gelernt, dass das Wettrennen mit dem Hundeführer lustig ist (siehe Ready-Steady-Go-Spiel).

Der Hund weiß, dass das Spielzeug irgendwo liegt oder er zur Bestätigung ein Zerrspiel mit dem Hundeführer machen darf.

Nicht nur der Hund soll sich anstrengen, sondern auch der Hundeführer. Knien Sie sich ruhig mal hin und lassen den Hund gewinnen. Es macht doch keinen Spaß, wenn ständig derselbe im Team gewinnt.

Schlusswort

Schlusswort

Agility hat sich in den letzten Jahren enorm entwickelt und ein Ende ist hier noch nicht absehbar. Auf der ganzen Welt überlegen sich Hundeführer nach wie vor Methoden, die Hunde einen Parcoursverlauf noch besser verstehen lassen. Mit den heute gängigen Medien (Online-Kurse und soziale Medien) können diese Methoden wahnsinnig schnell verbreitet werden. Das war vor einigen Jahren noch ganz anders. Ich bin gespannt, wo die Reise hinführen wird. Für mich (ich betreibe den Sport nun seit 30 Jahren) ist es faszinierend zu sehen, wie sich alles entwickelt.

Aber vielleicht muss doch eher ein Mittelmaß gefunden werden zwischen den Hochgeschwindigkeitsparcours, die wir heute laufen müssen, und den sehr engen Parcours, die vor ca. 10 Jahren angesagt waren. Die Anforderungen der schnellen Parcours dürfen auf keinen Fall zu Lasten unserer vierbeinigen Freunde gehen, denn sie sind es, die in dieser Sportart alles für uns geben. Trotz aller Ernsthaftigkeit, mit der dieser Sport betrieben werden kann, sollte immer das Motto gelten: KEEP IT FUN!

Die Autorin

Die Autorin

Alexandra Roth

Alexandra Roth betreibt seit 1990 Agility und ist heute Richterin mit internationalem Status. 1997 gründete sie ihre eigene Hundeschule und ist seit 2002 hauptberuflich im Agility-Sport tätig.

www.magicpaws.ch
alexandra.roth@magicpaws.ch

Kategorie Mini

- 3. Rang Schweizer Meisterschaft 1997
- »Agility-Dog-of-the-year« weltweit und in der Schweiz 1997
- 2. Rang Welt-Cup-Finale 1997 sowie diverse nationale Erfolge

Kategorie Small

- 3. Rang Schweizer Meisterschaft 2003
- Vizeweltmeister Jumping WM 2003
- Vize-Team-Schweizermeister 2003
- Nationalmannschaftsmitglied 2003, 2004 und 2005
- Team-Schweizermeister 2004
- Finalteilnehmer European Open 2004, Sieger Jumping
- 2. Rang European Open in Zürich 2005, Sieger A-Lauf, 2. Jumping
- Schweizermeister 2006

Kategorie Medium

- 2. Rang Schweizer Meisterschaft 2003 Medium
- 1. Rang Jumping Welt-Cup Finale 2003 und 2005 Medium
- Team-Schweizermeister 2003, 2004, 2005
- 3. Rang Schweizer Meisterschaft 2004
- Schweizermeister 2005
- Finalteilnehmer European Open 2004 (2. Jumping Medium) und 2005 (2. Jumping Medium)
- Schweizermeister 2007
- Vize-Schweizermeister 2008
- EO-Qualifikation 2007
- Nationalmannschaft 2014
- Vizeweltmeister Team Jumping

Kategorie Large

- EO-Qualifikation 2008
- Finalteilnahme Schweizermeisterschaft 2009 und 2011

www.schauenburg-agility.de

WEITERE INTERESSANTE BÜCHER ZUM THEMA

Was versteht man unter hundegerechter Beschäftigung? Eine Überbespaßung des Hundes kann massive Folgen haben. Die Autoren erklären, worauf man genau achten sollte und geben allerhand Tipps für das Alltagsleben mit Hund.

160 Seiten, 127 Abb., 170 x 240 mm

ISBN 978-3-275-02092-8

€ 19,95 | € (A) 20,60

Monika Schaal begleitet Mensch-Hund-Teams auf ihrem Weg zu mehr Ausgeglichenheit. Sie vermittelt Hintergrundwissen, stellt Übungen vor, die dem Hund zu mehr Ruhe verhelfen und erklärt Trainings- und Management-Strategien bis hin zum Notfallplan für besonders kritische Momente.

160 Seiten, 127 Abb., 170 x 240 mm

ISBN 978-3-275-02102-4

€ 19,95 | € (A) 20,60

In der Hundesportart Rally Obedience wird jedem Mensch-Hund-Team das Erarbeiten des Grundgehorsams spielerisch vermittelt. In vielen abwechslungsreichen Übungen lernen Hunde alles über Sitz, Platz & Co. Constanze Zilles beschreibt ausführlich den Weg von den ersten Schritten bis hin zur Turnierteilnahme.

96 Seiten, 80 Abb., 170 x 210 mm

ISBN 978-3-275-02202-1

€ 11,95 | € (A) 12,40

Bodenarbeit ist eine abwechslungsreiche Beschäftigung, die Spaß macht und das Vertrauen zwischen Hund und Halter stärkt. Die Autorinnen zeigen, wie auch ohne aufwändige oder teure Trainingsgeräte gut trainiert werden kann.

96 Seiten, 82 Abb., 170 x 210 mm

ISBN 978-3-275-02158-1

€ 11,95 | € (A) 12,40

Leseproben zu allen Titeln auf unserer Internetseite

Müller Rüschlikon

www.facebook.com/muellerrueschlikonverlag

Stand Juli 2021
Änderungen in Preis und Lieferfähigkeit vorbehalten.

Überall, wo es Bücher gibt, oder unter
WWW.MOTORBUCH-VERSAND.DE
Service-Hotline: 0711 / 78 99 21 51